한국의 자연시리즈 9

BUTTERFLIES OF KOREA
한국의 나비

주흥재 / 김성수 / 손정달

왕나비

교학사

일러두기

1. 나비의 분류는 처음으로 최신의 국제적 분류 체계에 따랐다. 즉, 뿔나비과, 왕나비과, 뱀눈나비과, 네발나비과를 모두 네발나비과에 포함하여 한국산 나비는 호랑나비과, 흰나비과, 부전나비과, 네발나비과, 팔랑나비과의 총 5개 과로 분류된다.

2. 나비의 생태를 쉽게 파악할 수 있도록 현재까지 밝혀진 서식 환경, 잘 모이는 장소, 유생기, 월동 모습, 식초(식수)를 다루어 초심자들도 쉽게 알 수 있도록 하였다. 설명 중 나비의 지역적 차이는 고려하지 않았으나 계절형과 암수 구별점은 자세히 다루었다.

3. 분포는 최근에 조사된 남한 기록을 중시하였는데, 글의 표현상 정확하지 않을 우려가 있기 때문에 과거 기록을 포함한 북한 지역의 분포도도 함께 실었다. 또 여름이나 가을에 일시적으로 분포 범위가 확대되는 나비의 경우는 월동이 가능한 지역만 표시하였다.

4. 출현기는 주로 경기도와 강원도 지방에서 어른벌레로 활동하는 시기를 말하며, 서식지가 남부 지방일 경우 그 지역에서의 출현 시기를 표시하였다. 또 산지형, 평지형의 구별이 확실할 경우에는 내용 중 그 차이를 지적하였다.

5. 나비를 체계적으로 공부하는 데 도움이 되고자 매 과(科)의 앞 부분에 과별 설명을 실었으며, 해당하는 과의 특징, 분류, 유생기의 설명을 덧붙였다.

6. 미접(迷蝶)이나 필자들이 직접 구하지 못한 나비의 일부는 일본, 연해주에서 찍은 사진을 실어 소개하였다.

✱ 부 록

나비 관찰에 앞서서 ………………………………… 384
생태 사진 찍는 법………………………………… 388
표본 제작과 보관 ………………………………… 394
나비와 나방의 비교 ……………………………… 397
한국산 나비의 분포형 …………………………… 398
한국산 나비의 분류표 …………………………… 402
미접(迷蝶) ………………………………………… 414
주변에 흔한 나비의 흡밀식물 ………………………… 419
나비의 천적 ………………………………………… 420
나비와 자연 보호 ………………………………… 421
생태 용어 해설 …………………………………… 423
종명 찾아보기 ……………………………………427
한국명 찾아보기 …………………………………… 432
참고 문헌 ………………………………………… 436

차 례

머리말 …………………………………………… 3
일러두기 ………………………………………… 6

나비의 부분 명칭도 …………………………… 8
   나비의 몸 명칭 / 8
   나비의 머리와 가슴 명칭 / 9
   나비의 날개 명칭 / 9
   나비의 시맥과 시실 명칭 / 9

나비의 주요 서식 환경 ………………………… 10
   초원 / 10
   삼림 상층부의 햇빛이 잘 비치는 곳 / 11
   어두운 삼림 내부 / 12
   산길이나 잡목림 가장자리 / 13
   경작지와 마을 주변 / 14

❋ 종별 해설

호랑나비과 Papilionidae ……………………… 15
흰나비과 Pieridae …………………………… 45
부전나비과 Lycaenidae ……………………… 77
네발나비과 Nymphalidae …………………… 169
팔랑나비과 Hesperiidae ……………………… 337

머 리 말

나비는 빼어난 아름다움으로 인해 예부터 사랑을 듬뿍 받아 왔다. 특히 최근 환경에 관심이 높아지고 생물의 야외 관찰 붐이 일면서 나비에 대해서도 새롭게 인식되고 있다. 그러나 아직도 새, 포유 동물, 약용 식물 등의 다른 분야에 비하면 나비에 대한 생태 관찰은 일반인들에게 거의 알려지지 못하고 있는 실정이다.
그래서 나비를 보다 잘 이해하게 하기 위해 그 동안 틈틈이 얻어진 경험을 토대로 이 책을 출간하기에 이르렀다.

이 책에서는 주로 남한에 서식하는 나비 198종의 생태를 수록하였는데 최근 새로 밝혀진 사실을 가능한 모두 포함시키고자 하였다. 또 야외에서 어른벌레를 주대상으로 찍은 생태 사진을 매 종마다 실었으며, 미접(迷蝶)이나 북한에만 서식하는 나비가 남한 한계에 해당하여 강원도 일부 지역에서 극히 소수만 채집된 종들도 사진과 약간의 해설을 실었다.
이 책을 엮는 데 있어 그 동안 야외에서 관찰했던 내용을 최대한 실었지만 몇 가지 아쉬움이 남는다. 그 중 분단국인 현실하에서 북한 지역의 나비에 대한 직접적인 관찰은 고사하고라도 남부 지역 및 여러 섬들에 대한 철저한 조사가 이루어지지 못한 점이 내내 마음에 걸린다. 물론 시간의 제약이 있었지만 필자들의 노력 부족도 탓하지 않을 수 없다. 그나마 작은 결실을 맺은 이 책이 앞으로 독자들에게 한국의 나비에 대한 관심을 높이고 사랑할 수 있는 밑거름이 되기를 바란다.

여기에 실린 사진 중에는 한국나비학회 회원이신 박경태, 이영준, 정헌천 님, 경희대학교의 박진영님 그 밖에 일본의 아오야마(靑山潤三), 가미가키(神垣健司)님 등이 도와 주셨고, 아울러 내용 정리에 많은 도움을 주신 한국나비학회 이승모 고문, 김용식 회장님, 윤인호 선생님께도 감사드린다.
끝으로 이 책을 흔쾌히 펴내 주신 교학사 양철우 사장님과 유홍희 부장님께 감사를 드리며, 편집에 최선을 다한 편집부 여러분께 고마움을 표한다.

1997. 7. 21.
저자 일동

7. 구별하기 어려운 몇몇 유사종들과 암수의 차이를 표본 사진과 함께 상세히 실어 쉽게 구별이 되도록 하였다.

8. 매 종마다 앞날개 길이〔前翅長〕를 사진 아래에 선으로 표시하여 실제 나비의 크기를 확인할 수 있도록 하였다.

9. 본문 상단에 다음과 같은 색으로 과를 구분하여 쉽게 찾아 볼 수 있도록 하였다.

호랑나비과
흰나비과
부전나비과
네발나비과
팔랑나비과

나비의 부분 명칭도

● 나비의 몸 명칭

● 나비의 머리와 가슴 명칭

● 나비의 날개 명칭

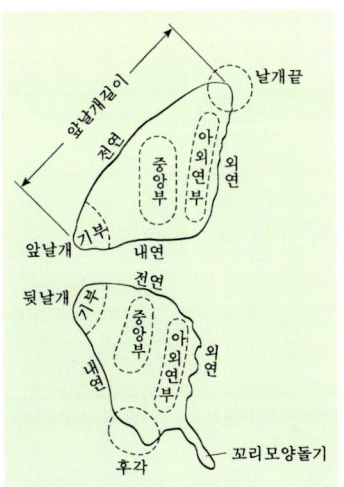

● 나비의 시맥과 시실 명칭

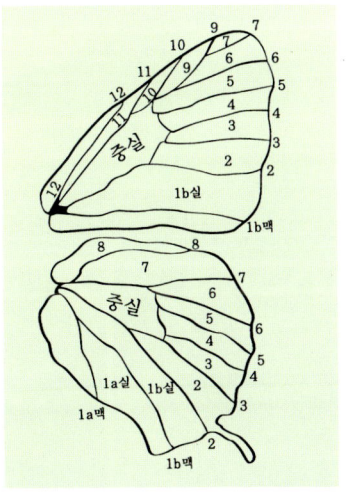

나비의 주요 서식 환경

초원

초원은 나무가 별로 없는 목장, 사격장 주위, 개울가 등에서 볼 수 있는 습성 초원과 산 정상 주위나 석회암 지대의 산지에 있는 건성 초원의 둘로 구분할 수 있다. 습성 초원에 서식하는 나비로는 꼬리명주나비, 사향제비나비, 지리산팔랑나비, 큰주홍부전나비 등을 들 수 있고, 건성 초원에 서식하는 나비로는 산꼬마부전나비, 산부전나비, 산호랑나비, 참산뱀눈나비, 산굴뚝나비, 표범나비류 등을 들 수 있다.

삼림(森林) 상층부의 햇빛이 잘 비치는 곳

삼림 내 빈 터나 계곡의 햇빛이 잘 비치는 쪽은 높은 나뭇잎 위에 앉아 일광욕, 점유행동을 하는 나비들이 의외로 많은 편이다. 이와 같은 곳에서 살아가는 종류로는 주로 녹색부전나비류를 들 수 있다.

계방산 산록

긴꼬리부전나비 산녹색부전나비

어두운 삼림 내부

삼림의 내부는 햇빛이 잘 비치지 않기 때문에 나비의 종류는 별로 다양하지 않다. 그러나 특별히 이런 장소를 선택하여 살아가는 종류도 있다. 조릿대를 식초로 하는 먹그늘나비, 이대와 신이대가 많은 곳에서 사는 바둑돌부전나비를 들 수 있다. 그 밖에 부처나비, 부처사촌나비, 황알락그늘나비, 눈많은그늘나비 등도 이와 같은 환경을 좋아한다.

눈많은그늘나비

바둑돌부전나비

강원도 계방산 수림 내

산길이나 잡목림 가장자리

산길이나 숲길 주변, 밭과 삼림의 경계부는 나무가 다소 적어 보이는 곳으로, 가장 많은 종류의 나비가 살고 있는 장소이다. 여기에는 애호랑나비, 제비나비, 귤빛부전나비, 줄나비류 등이 산다.

경기도 천마산 숲/가장자리

산제비나비

홍점알락나비

경작지와 마을 주변

마을 안쪽에 심어져 있는 재배 식물이나 화훼 식물에는 나비가 많이 날아든다. 또 과수원에 떨어져 썩어 있는 과일에도 적잖게 날아든다. 이런 곳에서 쉽게 볼 수 있는 나비로는 배추흰나비가 있고, 밭둑이나 울타리 등에 네발나비, 호랑나비, 큰멋쟁이나비, 흑백알락나비 등이 서식한다.

강원도 행촌의 경작지 주변

흑백알락나비

네발나비

호랑나비과
Papilionidae

호랑나비과
Papilionidae

전세계적으로 약 600종이 알려져 있으며 주로 아열대에서 열대에 이르는 지역에 넓게 분포한다. 날개가 아름답고 대부분 뒷날개에 있는 꼬리모양돌기가 발달한다. 크기는 대형이다.

Baroniinae 멕시코 남서부 산지에 사는 1종(*Baronia brevicornis*)으로 구성된다. 어른벌레의 더듬이는 짧고 비늘이 없는 등의 다른 특징이 나타난다.

Parnassiinae(모시나비아과) 주로 구북구계에 살며 세계적으로 약 65종이 알려져 있다.

Papilioninae(호랑나비아과) 세계적으로 청띠제비나비 그룹(약 150종), 사향제비나비 그룹(약 150종), 호랑나비 그룹(약 240종)이 알려져 있다.

모시나비

부화 중인 애호랑나비의 애벌레

사향제비나비의 알(한꺼번에 7개를 낳은 예)

산호랑나비의 종령 애벌레

알 대체로 표면이 매끄러운 공 모양으로 주황색, 진주색 등 다양한 빛을 띤다. 애호랑나비, 꼬리명주나비, 사향제비나비는 한 번에 수 개~수십 개의 알을 낳는다. 그 밖의 종류는 한 개씩 낳는다.

애벌레 머리와 앞가슴 사이에 자극을 주면 취각(臭角)이 늘어나서 밖으로 나오는 종류가 많다. 여기에서 독특한 냄새가 난다.

번데기 대부분의 종류가 대용이다. 다만 붉은점모시나비처럼 돌이나 풀 사이의 공간에서 엉성한 고치를 만드는 경우도 있다.

취각이 나온 긴꼬리제비나비의 종령 애벌레

꼬리명주나비의 번데기

호랑나비과

경기도 광릉 1989. 4. 12. ♂

1. 애호랑나비 *Luehdorfia puziloi* (Erschoff)

진달래가 필 무렵인 4월 초순에 나타나는 나비이다. 낮은 산의 계곡이나 숲 가장자리에 살며 암수 모두 진달래, 얼레지 등의 꽃에서 꿀을 빤다. 수컷은 산 능선이나 정상을 배회하며, 기온이 낮은 날에는 풀 위에서 일광욕을 한다. 교미는 주로 오후에 흡밀식물(吸蜜植物) 주변에서 이루어지며, 교미가 끝난 암컷은 5월 초순쯤 식초(食草)의 잎 뒷면에 5~15개의 알을 한꺼번에 낳는다. 부화한 애벌레들은 모여서 생활하다가 3령 애벌레 이후 흩어져 식초 주변의 낙엽 밑에서 번데기로 월동(越冬)한다.

- **분　　포** / 남한 각지(제주도 제외)
- **출 현 기** / 낮은 산지 4~5월, 높은 산지 5~6월(연 1회 발생)
- **식　　초** / 쥐방울덩굴과(족도리풀·개족도리)
- **암수구별** / 수컷은 배에 잔털이 나 있으나 암컷은 털이 없고 교미 후 배 끝에 수태낭(受胎囊)이 생긴다.

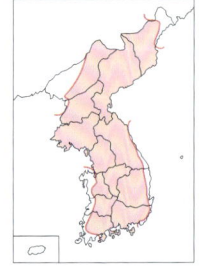

호랑나비과

경기도 광릉 1993.4.17. 교미

경기도 화야산 1995.4.20. 우(박경태 제공)

애호랑나비의 암수 배 끝 비교

♂

♀ — 수태낭

19

강원도 오대산 1994. 6. 6. ♂

2. 모시나비 *Parnassius stubbendorfii* Ménétriès

산지의 계곡이나 초지에 살며, 맑은 날 풀밭 위를 낮게 날아다닌다. 높은 산지의 개체들은 대체로 날개의 크기가 작고 검어지는 경향을 보인다. 교미할 때 수컷은 분비물을 내어 암컷의 배 끝에 수태낭을 만들어 주는데, 이 습성은 이 속(屬)의 나비들과 애호랑나비에서 잘 나타난다. 일단 암컷에게 수태낭이 생기면 다시 교미하지 않는다. 엉겅퀴, 토끼풀, 기린초, 자운영 등의 꽃에서 꿀을 빨며, 암컷은 5월 말경 서식지 주변의 풀잎이나 낙엽에 알을 한 개씩 낳는다. 월동은 알로 한다.

분　포 / 남한 각지(제주도 제외)
출현기 / 낮은 산지 5월, 높은 산지 5~6월(연 1회 발생)
식　초 / 현호색과(현호색 · 들현호색)
암수구별 / 수컷은 배에 잔털이 나 있으나 암컷은 털이 없고 교미 후 배 끝에 수태낭이 생긴다.

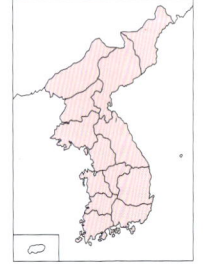

호랑나비과

경기도 주금산 1993.6.6. 우

경기도 천마산 1997.5.25. 우

호랑나비과

3. 붉은점모시나비 *Parnassius bremeri* Bremer

모시 같은 반투명한 날개에 붉은 점이 있는 것이 특징이다. 강가나 계곡의 기린초가 많은 곳에 사는데, 어른벌레는 대체로 철쭉이 만개할 때에 출현한다. 오전 10시경에 산 밑에서 9부 능선 사이를 활강하듯 오르락내리락 날면서 엉겅퀴, 기린초 등의 꽃에서 꿀을 빤다. 대부분 서식지의 범위가 매우 좁고, 예전에 많이 서식했던 곳들도 풀이나 나무가 무성하게 자라나거나 환경 변화로 개체수가 급격히 줄어들고 있다. 1령 애벌레로 알 속에서 월동하고, 이듬해 3~4월경 애벌레로 지낸 후 4월 말에서 5월 초에 번데기가 된다.

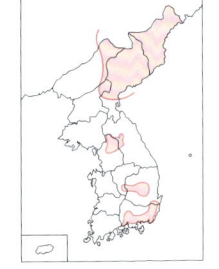

분　　포 / 경기도, 강원도, 충청북도, 경상도 등지
출 현 기 / 5월 중순~6월 중순(연 1회 발생)
식　　초 / 돌나물과(기린초)
암수구별 / 수컷은 배 전체에 긴 털이 나 있으나 암컷은 털이 없고 교미 후 배 끝에 수태낭이 생긴다.

강원도 모곡 1993. 5. 28. 우

호랑나비과

경상남도 사천 1996. 5. 18. ♂

경상북도 안동 1993. 6. 4. ♂ (박경태 제공)

호랑나비과

충청북도 단양 1997.5.1. 봄형 ♀   봄형 ├──────┤
                              여름형 ├──────────┤

4. 꼬리명주나비 *Sericinus montela* Gray

　야산에 인접한 논밭 주변이나 풀밭 위를 낮게 날아다니는데, 근래에는 차츰 개체수가 줄어들고 있다. 맑은 날에는 대부분 날개를 접고 앉으나 일광욕을 하기 위해 날개를 펴고 앉기도 하며, 흐린 날에는 거의 날지 않는다. 암컷은 식초의 줄기나 잎 뒷면에 5~60개의 알을 한꺼번에 낳는다. 부화한 애벌레들은 초기에 모여서 생활을 하나 종령 애벌레가 되면 독립 생활을 한다. 번데기는 식초의 줄기나 잎 뒷면, 그 주위의 나무, 돌 등에서 발견된다. 월동은 번데기로 한다.

분　　포 / 남한 각지(제주도 제외)
출 현 기 / 4~5월, 6~7월, 8월 중순~9월 (연 3회 발생)
식　　초 / 쥐방울덩굴과(쥐방울덩굴)
암수구별 / 수컷의 날개 윗면은 회색 바탕에 흑갈색을 약간 띠나
　　　　　　암컷의 날개 윗면은 흑갈색 부위가 넓다.

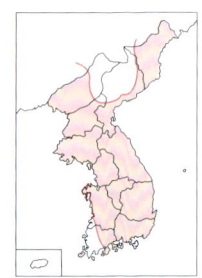

호랑나비과

충청북도 단양 1997.5.1. 봄형 ♂

강원도 원주 1996.6.22. 여름형 ♂

강원도 원주 1996.6.22. 여름형 ♀

호랑나비과

5. 사향제비나비 *Atrophaneura alcinous* (Klug)

야산에 인접한 밭이나 개울가에 살며 아침이나 오후 3시 이후에 엉겅퀴, 쉬땅나무, 산초나무 등의 꽃에 모여 꿀을 빤다. 수컷은 채집 직후에 몸에서 사향 냄새가 나며, 다른 제비나비류와 달리 산꼭대기에서 접도(蝶道)를 형성하거나 점유행동(占有行動)을 하는 습성은 없다. 암컷은 풀 사이를 낮게 천천히 날아다니면서 식초의 잎 뒷면에 1~6개의 알을 한꺼번에 낳는다. 월동은 번데기로 한다.

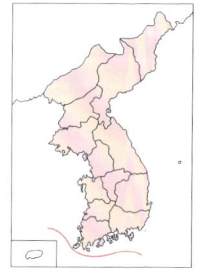

- **분　　포** / 남한 각지(제주도 제외)
- **출 현 기** / 봄형 5~6월, 여름형 7~9월(연 2회 발생)
- **식　　초** / 쥐방울덩굴과(쥐방울덩굴·등칡)
- **암수구별** / 수컷의 날개 윗면은 검고 광택이 나나 암컷의 날개 윗면은 황갈색으로 광택이 없다.

경기도 주금산 1990.5.24. 교미

호랑나비과

충청북도 단양 1998. 5. 3. 봄형 우

경기도 앵무봉 1992. 7. 15. 여름형 우

호랑나비과

경기도 주금산 1990.7.17. 여름형 ♀   봄형 ├─────┤
여름형 ├──────────┤

6. 산호랑나비 *Papilio machaon* Linnaeus

　화창한 날 해발 800m 이상의 산꼭대기에 올라가면 반갑게 맞이해 주는 나비이다. 마을 주변이나 평지의 숲에서도 가끔 볼 수 있다. 암수 모두 봄에는 수수꽃다리, 진달래, 얼레지, 복숭아나무, 라일락 등의 꽃에서, 여름에는 동자꽃, 이질풀, 쉬땅나무 등의 꽃에서 꿀을 빤다. 수컷은 오전 중 양지바른 곳에서 날개를 펴고 일광욕을 하고, 오후에는 점유행동을 심하게 한다. 월동은 번데기로 한다.

분　　포 / 남한 각지
출 현 기 / 봄형 5~6월, 여름형 7~10월(연 2회 발생)
식　　초 / 산형과(미나리·기름나물·당근·참당귀·방풍·벌사상자·구릿대), 운향과(탱자나무·유자나무·백선)
암수구별 / 배 끝을 확인하는 것이 좋다.

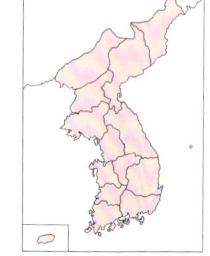

28

호랑나비과

강원도 쌍룡 1997.5.1. 봄형 ♂

강원도 오대산 1996.7.31. 여름형 ♀

7. 호랑나비 *Papilio xuthus* (Linnaeus)

 우리 나라의 어느 곳에서나 볼 수 있으며 예부터 인간과 친숙한 나비로 알려져 있다. 맑은 날에는 물가와 각종 꽃에 잘 모인다. 암컷은 잎 뒷면이나 줄기에 알을 한 개씩 낳고, 애벌레는 1령부터 4령까지 체색이 흑갈색이나 5령(종령) 애벌레가 되면 녹색으로 변한다. 월동은 번데기로 한다.

분 포 / 남한 각지
출 현 기 / 봄형 4~5월, 여름형 6~10월(연 2~3회 발생)
식 수 / 운향과(산초나무 · 황벽나무 · 귤나무 · 탱자나무)
암수구별 / 배 끝을 확인하는 것이 좋다. 여름형 수컷은 뒷날개 윗면 제 7실에 흑색 점이 있다.

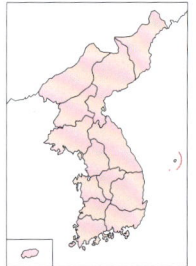

강원도 쌍룡 1990. 8. 15. 여름형 ♂

호랑나비과

경기도 주금산 1996. 6. 5. 봄형 ♂

강원도 쌍룡 1990. 8. 15. 여름형 ♂

8. 긴꼬리제비나비 *Papilio macilentus* Janson

잡목림이 울창한 산의 계곡이나 도로변에 살며, 겉으로 보기에 남방제비나비와 비슷하다. 암수 모두 봄에는 수수꽃다리, 고추나무꽃에, 여름에는 나리, 엉겅퀴 등의 꽃에 잘 모인다. 습지에서 물을 빠는 것은 대부분 수컷이다. 암컷은 오후가 되면 그늘진 나무 사이를 낮게 날아다니면서 식수(食樹)의 잎 앞면에 알을 한 개씩 낳는다. 애벌레는 4령까지 새똥처럼 보이다가 종령이 되면 체색이 녹색으로 변한다. 월동은 번데기로 한다.

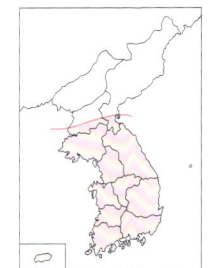

분　　포 / 남한 각지
출 현 기 / 봄형 5~6월, 여름형 7~8월(연 2회 발생)
식　　수 / 운향과(산초나무 · 초피나무 · 탱자나무)
암수구별 / 수컷은 뒷날개 윗면 전연부(前緣部)에 가로로 긴 황백색의 띠가 있으나 암컷은 없다.

봄형
여름형

경기도 주금산 1994. 7. 2. 여름형 ♂

호랑나비과

경기도 주금산 1996.7.5. 여름형 ♂

제주도 한라산 2001.7.26. 여름형 ♀

9. 남방제비나비
Papilio protenor Cramer

 남쪽 해안가의 숲 가장자리에 살며, 긴꼬리제비나비보다 약간 산지성(山地性)을 띤다. 간혹 중부 지방에서도 채집된 경우가 있으나 이 곳에서는 월동하지 못한다. 무더운 여름에는 숲 속의 그늘진 곳에서 쉬며, 맑은 날에는 오전 일찍과 오후 늦게, 흐린 날에는 하루 종일 아까시나무, 철쭉, 석산, 누리장나무, 자귀나무 등의 꽃에서 꿀을 빤다. 수컷은 계곡이나 숲길의 일정한 장소에서 접도를 형성하고 습지에서 물을 빨아먹는다. 암컷은 오후에 식수의 잎이나 줄기에 알을 한 개씩 낳는다. 월동은 번데기로 한다. 간혹 뒷날개의 꼬리가 퇴화한 무미형(無尾型)이 채집되기도 한다.

분　　포 / 제주도, 전라남도 광주 이남과 남해 도서
출 현 기 / 봄형 4~6월, 여름형 6~10월(연 2~3회 발생)
식　　수 / 운향과(산초나무 · 초피나무 · 황벽나무 · 탱자나무 등)
암수구별 / 수컷은 뒷날개 윗면 전연부에 가로로 긴 황백색의 띠가 있으나 암컷은 없다.

```
                        봄형   ├─────────────────────┤
           여름형  ├──────────────────────────────────┤
```

호랑나비과

전라남도 두륜산 1994. 5. 30. 봄형 ♂ (이영준 제공)

제주도 안덕계곡 1995. 7. 25. 여름형 ♂

10. 제비나비 *Papilio bianor* (Cramer)

산지나 마을 근처에서 흔히 볼 수 있는 나비로, 일본에서는 여러 아종(亞種)으로 세분하고 있으나 우리 나라에서는 이와 같은 심한 지역적 차이를 보이지 않는다. 다만 울릉도와 남부 도서산은 약간 달라 보인다. 수컷은 계곡이나 산꼭대기에서 접도를 형성하며, 습지에 모여 물을 빨아먹는다. 암컷은 식수의 잎 뒷면에 알을 한 개씩 낳으며, 부화한 애벌레는 잎 앞면에서 생활한다. 번데기의 체색은 녹색형과 갈색형이 있는데, 월동할 때에는 갈색형만 나타난다. 최근 번데기가 되는 부착물의 표면이 매끄러운 곳에서는 녹색형, 거친 곳에서는 갈색형이 된다는 연구 결과가 있다.

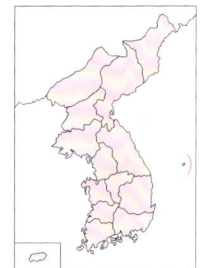

분　　포 / 남한 각지
출 현 기 / 봄형 4~6월, 여름형 7~9월(연 2~3회 발생)
식　　수 / 운향과(황벽나무 · 상산 · 산초나무)
암수구별 / 수컷은 앞날개 윗면에 벨벳 모양의 성표(性標)가 있으나 암컷은 없다.

경기도 광릉 1994.6.1. 봄형 ♂

호랑나비과

경기도 천마산 1991.5.5. 봄형 ♀

강원도 모곡 1990.5.16. 봄형 ♂

호랑나비과

나리분지(울릉) 1998.5.18. 봄형 ♂

11. 산제비나비 *Papilio maackii* Ménétriès

주로 계곡이나 산꼭대기 주변에 살며 습지에 잘 모인다. 강원도 산지에서는 여름형 개체들이 무리를 지어 물을 빨아먹는 모습이 자주 관찰된다. 암수 모두 엉겅퀴, 수수꽃다리, 곰취 등의 꽃에 모여 꿀을 빤다. 대체로 나는 힘이 강하여 호랑나비과 중에서 산꼭대기까지 가장 높이 날아오른다. 같은 지역에서 채집된 것이라도 날개 윗면 외연부(外緣部)의 청록색 띠의 폭이나 바탕색이 다양하게 나타난다. 유생기(幼生期)의 습성 및 형태는 제비나비와 유사하다.

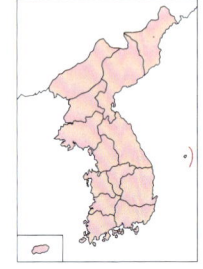

- **분 포** / 남한 각지
- **출 현 기** / 봄형 4~6월, 여름형 7~8월(연 2회 발생)
- **식 수** / 운향과(황벽나무)
- **암수구별** / 수컷은 앞날개 윗면에 벨벳 모양의 성표가 있으나 암컷은 없다.

38

호랑나비과

강원도 광덕산 1991.6.6. 봄형 ♂

강원도 해산 2001.6.20. 여름형 ♂

|————————————————| 봄형
|————————————————————————| 여름형

호랑나비과

12. 청띠제비나비 *Graphium sarpedon* (Linnaeus)

제주도와 남해안 일대의 상록 활엽수림에 많으며 후박나무가 있는 절, 공원 등지에서 쉽게 볼 수 있다. 수컷은 물가나 습기가 있는 곳에 떼지어 모이는 경우가 많으며, 오전 일찍과 오후 늦게는 암수 모두 아까시나무, 엉겅퀴, 토끼풀, 초피나무, 거지덩굴 등의 꽃에서 꿀을 빤다. 암컷은 식수의 잎 뒷면이나 줄기에 알을 한 개씩 낳는다. 월동은 번데기로 한다.

분　　포 / 제주도, 남해 도서 지방과 울릉도
출 현 기 / 봄형 5월경, 여름형 6-9월(연 2회 발생)
식　　수 / 녹나무과(후박나무 · 녹나무)
암수구별 / 수컷은 뒷날개 내연(內緣)이 말려 있고 그 속에 옅은 갈색의 긴 털이 밀생하나, 암컷은 이것이 없어 검게 보인다.

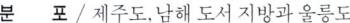

전라남도 완도 1992.5.17. 봄형 ♂

호랑나비과

전라남도 두륜산 1993.7.21. 여름형 ♂ (박경태 제공)

제주도 안덕계곡 1995.7.24. 여름형 ♀

호랑나비와 산호랑나비의 구별점

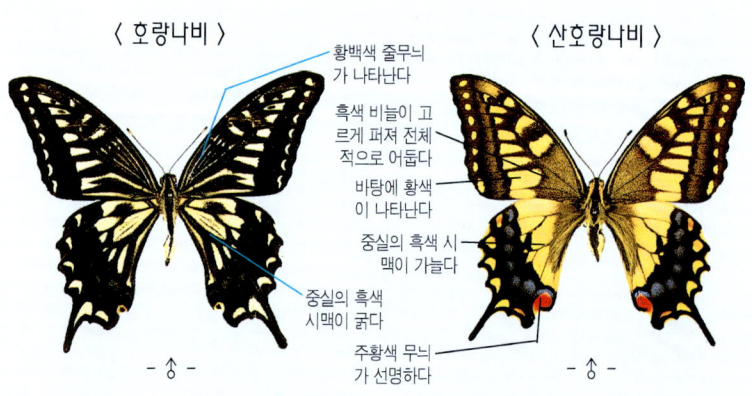

〈 호랑나비 〉
〈 산호랑나비 〉
- 황백색 줄무늬가 나타난다
- 흑색 비늘이 고르게 퍼져 전체적으로 어둡다
- 바탕에 황색이 나타난다
- 중실의 흑색 시맥이 가늘다
- 중실의 흑색 시맥이 굵다
- 주황색 무늬가 선명하다

청띠제비나비의 암수 및 계절형 구별점

- 청색 띠의 폭이 넓다(봄)
- 말려 있는 안쪽이 흰색이다
- 청색 띠의 폭이 좁다
- 말려 있는 안쪽이 흑색이다

- 봄형 ♂ -
- 여름형 ♀ -

긴꼬리제비나비와 남방제비나비의 구별점

호랑나비과

제비나비와 산제비나비의 구별점

흰나비과
Pieridae

흰나비과
Pieridae

대체로 날개가 흰색과 황색으로 풀밭 위를 낮게 날아다니다가 각종 꽃에 잘 모인다. 지금까지 전세계에 약 1200종이 알려져 있다. 우리 나라에는 3아과가 분포한다.

Pseudopontiinae 아프리카 서부에 1속 1종만이 서식한다.

Dismorphiinae(기생나비아과) 우리 나라에는 기생나비와 북방기생나비가 있다. 주로 신열대구에 분포하는데 전세계에 약 100종이 알려져 있다.

Coliadinae(노랑나비아과) 전세계에 걸쳐 분포하며, 약 400종이 알려져 있다. 온대에서 한대에는 *Colias*속이, 아열대에서 열대 중심으로는 *Eurema*속이 특히 많이 알려져 있다.

Pierinae(배추흰나비아과) 흰나비과 중 가장 많은 종이 포함된 아과로, 약 700종이 전세계에 걸쳐 분포한다.

큰줄흰나비

줄흰나비의 알

풀흰나비의 알

알 표면에 가는 그물 모양의 무늬가 있으며 방추형이다. 대부분 알을 한 개씩 낳으나 상제나비의 경우는 식초 잎의 아랫면에 수십 개의 알을 낳는다.

애벌레 형태는 가늘고 긴 원통형에 가깝고 대부분 체색은 녹색이다. 상제나비의 애벌레는 실을 내어 집을 엮어 만들고 집단으로 생활하나, 나머지의 종은 단독으로 생활한다.

번데기 식초나 그 주위의 풀에 실로 고정하는 대용이다. 대체로 머리 부분이 앞으로 길어져 생긴 돌기가 하나 있다. 체색은 녹색, 갈색이 대부분으로 황색 바탕에 흑색 점이 있는 것도 있다. 식초 주변이나 인가의 담 등에서 번데기가 된다.

상제나비의 애벌레(군집성을 나타낸다.)

갈구리나비의 번데기

줄흰나비의 번데기

흰나비과

강원도 쌍룡 1991.6.23. 여름형  ♀　　　　　　　강원도 쌍룡 1990.7.1. ♀ 산란

13. 기생나비　*Leptidea amurensis* (Ménétriès)

낮은 산지나 논밭 주변에 살며 날 때에는 힘이 없어 보인다. 개체수는 여름과 가을보다 봄에 더 많은 편이다. 암컷은 맑은 날 식초의 줄기나 새순의 뒷면에 배를 구부려 알을 한 개씩 낳고 낮은 위치의 잎 앞면에서 잠깐씩 휴식한다. 수컷은 습지에 모이며 꿀풀, 타래난초 등의 꽃에서 꿀을 빤다. 월동은 번데기로 한다.

- **분　　포** / 남한 각지(제주도 제외)
- **출 현 기** / 봄형 4월 말~5월, 여름형 6월 말~7월, 8월 말~9월 (연 3회 발생)
- **식　　초** / 콩과(갈퀴나물)
- **암수구별** / 암컷은 날개의 형태가 둥글어 보이고, 수컷은 날개 윗면의 날개끝의 흑색 무늬가 짙다.

흰나비과

강원도 양구 1996.8.30. 여름형 ↑

14. 북방기생나비 *Leptidea morsei* (Fenton)

강원도와 경기도 북부의 초원이나 산지에 산다. 대체로 힘없이 풀 위를 낮게 날아다니고, 개망초 등의 꽃에서 꿀을 빨 때에는 잘 날지 않기 때문에 채집이 쉽다. 수컷은 오전에 습지에서 물을 빠는 경우가 많으며, 가을보다 봄에 개체수가 더 많아지는 경향이다.

분　　포 / 경기도 일부와 강원도, 충청북도 일부
출 현 기 / 봄형 4월 말~5월, 여름형 6월 말~7월, 8월 말~9월(연 3회 발생)
암수구별 / 암컷은 날개의 형태가 둥글어 보이고, 수컷은 날개 윗면의 날개끝의 흑색 무늬가 짙다.

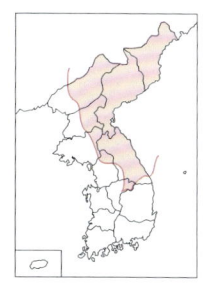

흰나비과

15. 남방노랑나비 *Eurema hecabe* (Linnaeus)

콩과 식물이 많은 초지에 살며 개망초, 꿀풀 등 여러 꽃에서 꿀을 빨거나 습지에서 물을 먹는다. 가끔 중부 지방에서도 채집되는데, 이 곳에서는 월동하지 못하는 것 같다. 암컷은 식초의 잎 앞면에 알을 한 개씩 낳는데, 여름에는 한 장소에서 알부터 번데기까지 한꺼번에 볼 수 있다. 여름형이 가을형에 비하여 날개 외연(外緣)의 흑색 무늬가 더 발달한다. 월동은 어른벌레로 하는데, 월동 전 어떤 일정한 장소로 계속 이동해 가는 습성이 관찰된다.

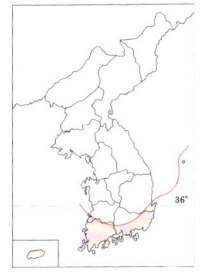

분　　포 / 위도 36° 이남 지역과 울릉도
출 현 기 / 봄형 5월 중순~6월, 여름형 7월~11월, 월동 후 이듬 해 3~4월(연 3~4회 발생)
식　　초 / 콩과(비수리·괭이싸리·긴강남차·자귀나무)
암수구별 / 암컷은 수컷보다 날개의 바탕색이 옅다.

제주도 비자림 1992. 7. 25. 여름형 ♂

흰나비과

제주도 한림 1996.11.4. 가을형 우

흰나비과

제주도 안덕계곡 1995. 7. 25. 여름형 ♂

16. 극남노랑나비 *Eurema laeta* (Boisduval)

남방노랑나비에 비하여 들판이나 논밭, 하천 주변에 많이 살며, 수컷은 습지나 오물에 잘 모이고, 암컷은 각종 꽃을 찾는다. 여름형과 가을형의 차이는 뚜렷한데, 보통 낮의 길이가 13시간 이상이면 여름형이 되고, 그 이하이면 가을형이 된다. 가을형은 앞날개 외연이 직선적이며, 뒷날개 아랫면에 평행한 갈색의 줄무늬가 두 개 있다. 월동은 어른벌레로 한다.

- **분 포** / 위도 36° 이남 지역
- **출 현 기** / 봄형 5월 중순~6월, 여름형 7~11월, 월동 후 이듬해 3~4월 (연 3~4회 발생)
- **식 초** / 콩과(차풀)
- **암수구별** / 수컷은 앞날개 아랫면 중실(中室) 아래로 등황색 성표가 있으나, 암컷은 수컷에 비해 날개 윗면의 바탕색이 옅고 흑색 인분(鱗粉)이 약하게 퍼져 있다.

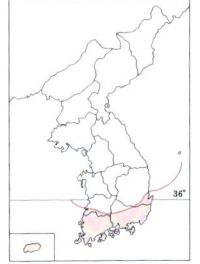

흰나비과

경상남도 지리산 1993. 10. 2. 가을형 ♂

흰나비과

강원도 해산 1998. 8. 30. ♀

17. 멧노랑나비 *Gonepteryx maxima* Butler

   산지의 평활한 초지에 살며, 6~7월경에 우화(羽化)한 개체는 각시멧노랑나비보다 힘차게 난다. 한여름에는 휴면하고 9월경 다시 활동하다가 그대로 겨울을 난다. 월동할 때에는 날개의 파손이 적어 이듬해까지 깨끗한 상태를 유지한다. 흡밀식물로는 쥐손이풀, 엉겅퀴, 개망초 등이 있고, 수컷은 습지에서 물을 빤다. 암컷은 5월 중순~6월 초에 식수의 잎 앞면이나 줄기에 알을 한 개씩 낳는다. 번데기는 식수의 잎 뒷면이나 줄기에서 관찰되며 체색은 옅은 녹색이다.

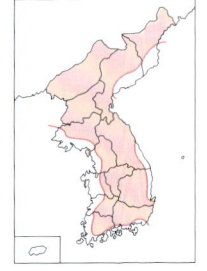

- **분   포** / 남한 각지(제주도 제외)
- **출 현 기** / 6월 말~10월, 월동 후 5~6월 초(연 1회 발생)
- **식   수** / 갈매나무과(갈매나무)
- **암수구별** / 수컷은 앞날개 윗면의 바탕색이 황색이나 암컷은 옅은 연두색이다.

강원도 쌍룡 1990.5.27. ♂

흰나비과

18. 각시멧노랑나비
Gonepteryx aspasia (Ménétriès)

주로 산지의 계곡이나 숲 가장자리에 산다. 한여름에 휴면하고 어른벌레로 월동하는 것은 멧노랑나비와 같으나, 월동 후 날개에 갈색 반점이 나타나고 날개가 심하게 훼손되는 점은 다르다. 엉겅퀴, 개망초, 백일홍 등의 꽃에서 꿀을 빨며, 물가에서 무리를 지어 물을 먹는다. 암컷은 식수의 새 잎이나 줄기에 알을 한 개씩 낳는다.

분　　포 / 남한 각지(제주도 제외)
출 현 기 / 6월 말~8월 초, 월동 후 3~4월(연 1회 발생)
식　　수 / 갈매나무과(갈매나무 · 털갈매나무)
암수구별 / 수컷은 앞날개 윗면의 바탕색이 황색이나 암컷은 옅은 연두색이다.

강원도 계방산 1991.9.1. ♀

흰나비과

경기도 광릉 1987. 4. 15. 월동형 ♂

경기도 광릉 1993.9.2. ♂

19. 노랑나비 *Colias erate* (Esper)

마을이나 개활지의 풀밭에 살며 가끔 정원에 있는 꽃과 풀밭의 개망초, 토끼풀, 엉겅퀴, 구절초, 민들레 등의 꽃에 모여 꿀을 빤다. 나는 모습은 다른 흰나비과 나비들에 비하여 빠르고 직선적이다. 암컷은 백색과 황색의 두 형이 나타나는데, 유전적으로 흰색형이 우성이다. 수컷은 흰색형보다 황색형의 암컷에게 더 잘 끌리는 것으로 알려져 있다. 암컷은 식초의 어린잎 앞면에 한 개씩 알을 낳으며, 부화한 애벌레는 잎 앞면에 정지하고 있다. 월동은 번데기로 한다.

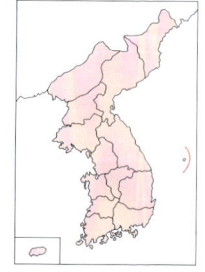

- **분　　포** / 남한 각지
- **출 현 기** / 3월 말~10월(연 3~4회 발생)
- **식　　초** / 콩과(자운영 · 돌콩 · 고삼 · 아까시나무 · 토끼풀)
- **암수구별** / 흰색형 암컷은 색으로 구별되나 황색형 암컷은 배 끝을 확인하는 것이 좋다.

흰나비과

강원도 쌍룡 1990.7.1. 우 산란

흰나비과

경기도 주금산 1994. 5. 8. ♂

20. 갈구리나비 *Anthocharis scolymus* (Butler)

이른 봄 계곡이나 논밭, 사찰 주변에서 볼 수 있으며, 민들레, 나무딸기, 장대나물 등의 꽃에서 꿀을 빤다. 한 장소를 계속 왔다갔다하는데 빠르게 날기 때문에 생태 사진을 찍기가 어렵다. 애벌레는 식초의 꽃, 열매, 새 잎을 먹고 6~7월경 번데기가 되어 그 상태로 월동하는데, 번데기 상태로 지내는 기간이 무려 7~8 개월이나 된다.

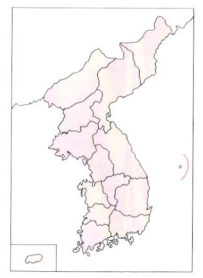

분　포 / 남한 각지
출 현 기 / 낮은 산지 4~5월, 높은 산지 5~6월(연 1회 발생)
식　초 / 십자화과(장대나물 · 는쟁이냉이)
암수구별 / 수컷은 앞날개 윗면의 날개끝이 등황색이다.

흰나비과

경기도 광릉 1993.5.1. ♀

서울 경희대 1997.5.18. ♂

흰나비과

러시아 연해주 1992.6.14. (박진영 제공)

21. 상제나비 *Aporia crataegi* (Linnaeus)

　남한에서는 강원도 영월에서 인제까지의 지역에서 확인되고 있으나 최근 거의 볼 수 없게 되었다. 암수 모두 엉겅퀴, 조뱅이, 토끼풀 등의 꽃에서 꿀을 빨고, 수컷은 습지에 잘 모인다. 암컷은 식수의 잎 뒷면에 5~60개의 알을 한꺼번에 낳고, 부화한 애벌레는 자신이 토해 낸 실로 잎을 엮어 그 속에서 겨울을 난다. 이듬해 봄이 되면 다시 자라서 종령 애벌레가 되어 흩어진다. 번데기는 식수와 그 밖의 나무 줄기에서 보인다.

분　　포 / 강원도 일부
출 현 기 / 5월 중순~6월 초(연 1회 발생)
식　　수 / 장미과(살구 · 개살구 · 털야광나무)
암수구별 / 암컷은 앞날개 기부(基部) 근처가 반투명해 보인다.

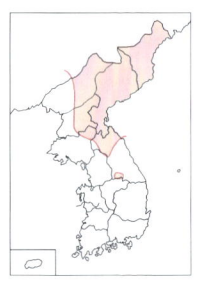

흰나비과

강원도 쌍룡 1990.6.3. 교미

흰나비과

강원도 쌍룡 1995.5.3. ♀

22. 배추흰나비 *Pieris rapae* (Linnaeus)

우리와 친숙한 나비로 배추밭, 무밭 등지에서 살며 산지에는 오히려 개체수가 적다. 예부터 십자화과 재배 식물에 많은 피해를 주어 해충으로 취급받아 왔다. 메밀, 무, 엉겅퀴 등의 꽃에서 꿀을 빠는데 특히 황색과 보라색 계통의 꽃을 좋아한다. 수컷은 보통 배회하면서 암컷을 찾으며 가끔 물가에서 물을 먹고, 암컷은 식초의 잎 앞면이나 뒷면에 알을 한 개씩 낳는다. 농약을 뿌리지 않은 경작지에서 상당수의 알과 애벌레를 볼 수 있다. 늦가을에 인가의 담 주변에서 월동하려는 번데기를 많이 볼 수 있는데, 이 때 대개 기생을 당하는 경우가 많다.

분　　포 / 남한 각지
출 현 기 / 봄형 4~6월, 여름형 6~10월(연 4~5회 발생)
식　　초 / 십자화과(배추·무·양배추·콩다닥냉이)
암수구별 / 암컷은 수컷에 비하여 앞날개 윗면의 바탕색이 어둡고 특히 중실 부근이 검어진다.

흰나비과

서울 반포동 1994. 4. 16. 봄형 ♂

흰
나
비
과

강원도 가리왕산 1991.7.14. 여름형 ♂   봄형 ├─────┤
   여름형 ├─────┤

23. 대만흰나비 *Pieris canidia* (Sparrman)

  배추흰나비와 달리 마을 안쪽보다 경작지와 산림의 경계가 되는 곳에서 산다. 배추흰나비와 혼동하기 쉬운데, 나는 모양은 배추흰나비보다 여려 보이고 바람이 없으면 활강하듯이 난다. 암수 모두 냉이, 개망초, 엉겅퀴, 조이풀 등의 꽃을 찾아 꿀을 빨고, 수컷은 습지에도 잘 모인다. 암컷은 보통 식초의 잎 앞면에 알을 한 개씩 낳으며, 월동은 번데기로 한다.

분　　포 / 남한 각지(제주도 제외)
출 현 기 / 봄형 4~5월, 여름형 5월 말~10월(연 3~4회 발생)
식　　초 / 십자화과(나도냉이)
암수구별 / 암컷은 수컷에 비하여 날개 윗면에 흑색 무늬가 발달하여 날개의 바탕색이 어둡다.

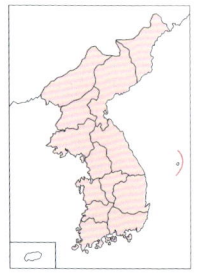

66

흰나비과

경기도 주금산 1992.6.21. 여름형 우

흰나비과

경기도 화야산 1993.5.5. 봄형 우(이영준 제공)

24. 큰줄흰나비 *Pieris melete* (Ménétriès)

낮은 산지나 그 인근 도시에도 살며 줄흰나비보다 분포 범위가 넓다. 미나리냉이, 엉겅퀴, 꿀풀 등 여러 꽃을 찾아 꿀을 빨며, 습지에서 물을 빨아먹는 모습을 흔히 볼 수 있다. 식초는 줄흰나비보다 밝은 장소의 것을 선택하는 편이며 암컷은 식초의 잎 앞면, 뒷면, 줄기 등 여러 곳에 알을 낳는다. 줄흰나비와 형태상 유사하다.

분 포 / 남한 각지
출 현 기 / 봄형 4월 말~6월, 여름형 6~10월(연 3~4회 발생)
식   초 / 십자화과(미나리냉이 · 속속이풀 · 배추 · 무 · 냉이)
암수구별 / 암컷은 수컷보다 크고, 앞날개 윗면에 흑색 무늬가 발달하며, 뒷날개 아랫면은 황색을 띤다.

68

흰나비과

경기도 주금산 1997.5.31. 봄형 ♂

제주도 1993.7.29. 여름형 ♀

흰나비과

제주도 한라산 1990.8.1. 여름형 ♀

강원도 오대산 1997.6.6. 봄형 ♂

봄형
여름형

25. 줄흰나비 *Pieris napi* (Linnaeus)

계곡의 숲 가장자리나 빈 터에 살며 큰줄흰나비에 비하여 나는 힘이 약하다. 대체로 큰줄흰나비와 섞여 사는 곳에서는 이 나비가 더 산지성을 보인다. 수컷은 가끔 습지에 무리를 지어 모이고 암수 모두 마타리, 개망초, 엉겅퀴 등의 꽃을 찾아 꿀을 빤다. 간혹 암컷이 수컷에게 교미거부행동을 하는 것을 볼 수 있는데, 이 때 암컷은 날개를 반쯤 펴고 배 끝은 위로 치켜든다. 9월 초순경 식초인 꽃황새냉이의 잎 앞면에서 알, 애벌레, 번데기를 한꺼번에 관찰할 수 있다. 월동은 번데기로 한다.

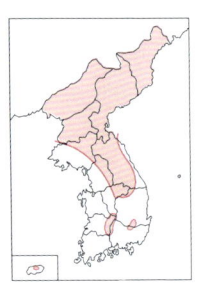

분　　포 / 경기도, 태백산맥 일대, 지리산, 한라산(해발 1100m 이상)
출 현 기 / 봄형 4월 하순~5월, 여름형 6~9월(연 3회 발생)
식　　초 / 십자화과(꽃황새냉이)
암수구별 / 암컷은 수컷보다 크고, 앞날개 윗면에 흑색 무늬가 발달하며, 뒷날개 아랫면은 황색을 띤다.

26. 풀흰나비 *Pontia daplidice* (Linnaeus)

흰나비과

하천 주변이나 편평한 개활지에 살며, 하천에 서식하는 식초가 홍수로 유실되는 경우에는 개체수가 많이 줄어들고 인근 지역으로 다발생지가 이동한다. 식초의 꽃과 열매에서 알, 애벌레, 번데기를 볼 수 있는데 번데기는 주로 줄기 아랫부분에서 관찰된다. 애벌레는 주로 맑은 날 꽃이나 열매를 먹고, 쉴 때에는 식초 아래로 내려온다. 월동은 번데기로 한다.

분　　포 / 남한 각지(제주도 제외)
출 현 기 / 5~10월(연 3~4회 발생)
식　　초 / 십자화과(꽃장대 · 콩다닥냉이)
암수구별 / 암컷은 앞날개 윗면의 제 1b실에 흑색 무늬가 있고, 뒷날개 윗면의 외연부에 이중의 흑색 무늬가 있으나 수컷은 없다.

충청남도 금강 유원지 1994.9.11. ♀

충청남도 금강 유원지 1994.9.11. ♂

기생나비와 북방기생나비의 구별점

〈 기생나비 〉　　　　　　　　〈 북방기생나비 〉

날개끝이 뾰족하다

날개끝이 둥글다

- ♂ -　　　　　　　　- ♂ -

멧노랑나비와 각시멧노랑나비의 구별점

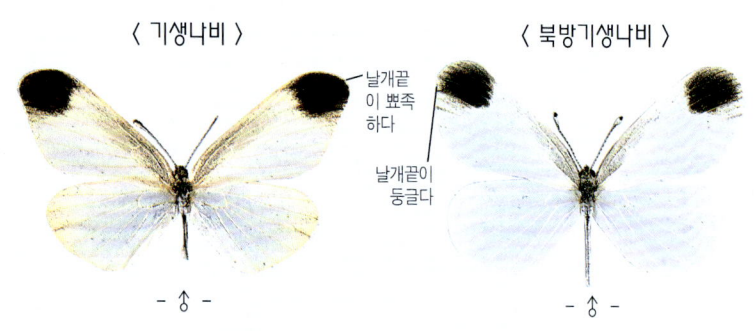

〈 멧노랑나비 〉

적색 점이 선명하다

시맥이 굵다

점이 크다

- ♂ -　　　　　　　　- ♀ 아랫면 -

〈 각시멧노랑나비 〉

시맥이 가늘다

점이 작다

- ♂ -　　　　　　　　- ♀ 아랫면 -

남방노랑나비와 극남노랑나비의 구별점

흰나비과

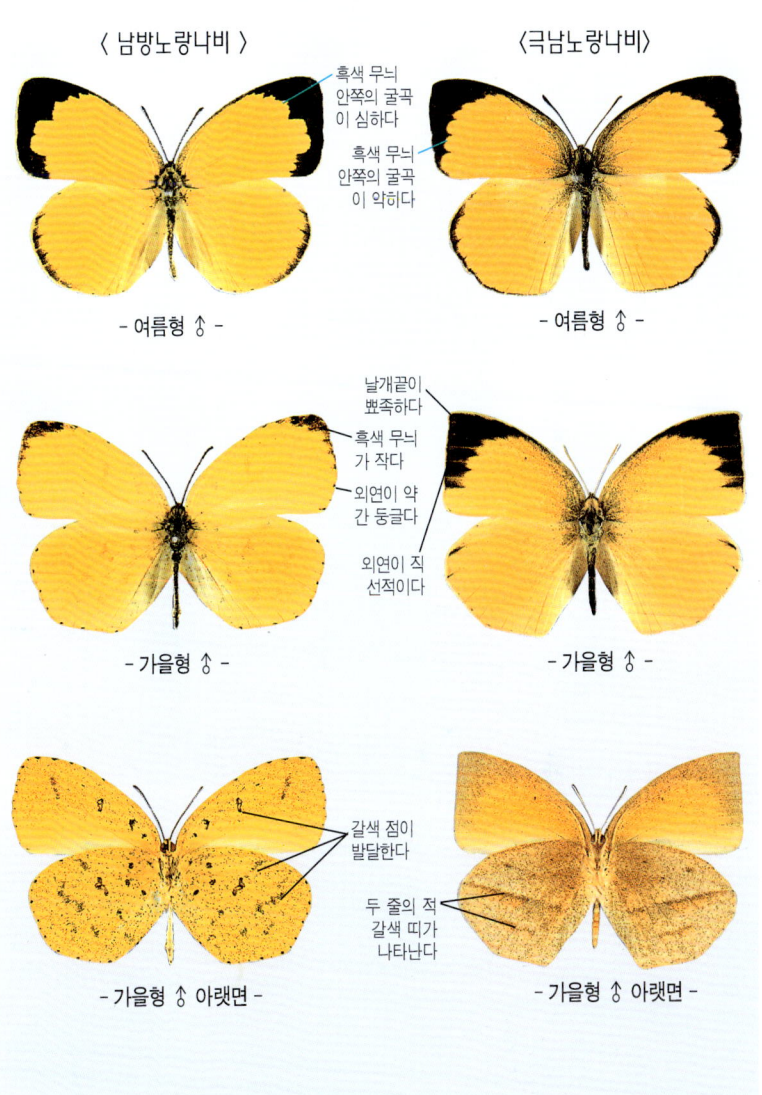

배추흰나비와 대만흰나비의 구별점

큰줄흰나비와 줄흰나비의 구별점 - ❶

흰나비과

큰줄흰나비와 줄흰나비의 구별점 - ❷

부전나비과
Lycaenidae

부전나비과
Lycaenidae

대체로 소형의 나비로 날개 윗면이 금속성 청람빛이나 주홍색이 도는 등 색채와 무늬가 퍽 다양하다. 뒷날개에 꼬리모양돌기가 길게 발달한다. 빠르게 날다가 물가에서 물을 빨거나 각종 꽃에도 잘 모인다. 지금까지 전세계에 약 6000종 이상이 알려져 있다.

전세계적으로 Lipteninae, Poritiinae, Liphyrinae, Miletinae, Curetinae, Theclinae, Lycaeninae, Riodininae, Polyommatinae가 알려져 있다. 우리 나라에는 다음 4아과가 분포한다.

Miletinae(바둑돌부전나비아과)   우리 나라에는 바둑돌부전나비 1종만이 서식한다.

Theclinae(녹색부전나비아과)   수컷은 청람색이 도는 종류로 삼림성 나비가 많다. 우리 나라에 36종이 알려져 있다.

Lycaeninae(주홍부전나비아과)   날개가 아름다운 주홍빛을 띠는 종류로 초원에 산다. 우리 나라에 5종이 알려져 있다.

Polyommatinae(부전나비아과)   수컷은 날개의 색이 짙은 남색을 띠는 것이 많고 풀밭에서 낮게 날아다니며 각종 꽃에 모여든다. 우리 나라에 32종이 알려져 있다.

쌍꼬리부전나비

선녀부전나비의 알

긴꼬리부전나비의 알

알 거의 원형으로 높이가 낮고 확대하여 보면 많은 돌기 모양의 구조물이 보인다. 대부분 흰색으로 식초의 줄기, 눈, 잎에서 볼 수 있다.

애벌레 납작한 짚신 모양으로 머리와 다리는 잘 보이지 않는다. 몸에 꿀샘이 있어 개미들이 모이거나 고운점박이푸른부전나비처럼 개미집에 운반되어 개미와 공생관계에 있는 종류도 있다.

번데기 특별한 돌기를 지니지 않은 오뚜기 인형 모양으로 대용이다. 나무의 가지나 잎 뒷면에서 번데기가 되거나 식수 주변의 낙엽 밑에서 번데기가 되는 경우가 많다. 예외적으로 개미집 같은 땅 속에서 번데기가 되는 경우도 있다.

금강산귤빛부전나비의 애벌레

민꼬리까마귀부전나비의 번데기

부전나비과

전라남도 두륜산 1993.7.21. 우 산란

27. 바둑돌부전나비 *Taraka hamada* (Druce)

우리 나라 나비 중 유일한 순육식성 나비로 이대, 신이대에 기생하는 일본납작진딧물을 먹고 산다. 주로 햇빛이 덜 비치는 곳에 살며 거의 서식지 주변을 떠나지 않는다. 암컷은 이대 잎 뒷면의 진딧물이 군생하는 속에 알을 한 개씩 낳는다. 부화한 애벌레는 진딧물을 먹고 자라고, 어른벌레는 이 진딧물의 분비물을 빨아먹는다. 월동은 애벌레로 하는데, 자신이 토해낸 실로 텐트 모양의 막을 싼 후 그 속에서 겨울을 난다.

분 포 / 충청도, 강원도 이남 지역
출 현 기 / 5월 중순~10월(연 3~4회 발생)
식   초 / 이대, 신이대에 서식하는 일본납작진딧물
암수구별 / 암컷은 앞날개 외연이 수컷에 비해 둥글어 보인다.

경기도 주금산 1994.6.5. ♂   경기도 주금산 1994.6.5. ♂

28. 선녀부전나비 *Artopoetes pryeri* (Murray)

겉으로 보기에 푸른부전나비의 암컷과 비슷해 보이나 조금 더 크다. 활엽수림을 중심으로 계곡 주변이나 개활지에서 살며 개체수는 강원도 계방산, 오대산 일대에서는 많으나 그 밖의 지역에서는 적은 편이다. 저녁 무렵에 일정한 장소를 빠르게 날아다니며 간혹 쥐똥나무, 쉬땅나무 등의 꽃에서 꿀을 빠는 일은 있으나 습지에는 모이지 않는다. 알은 쥐똥나무의 새로 난 가지의 갈라진 부위에서 한 개~수 개씩 보이는데, 서식지에서 쉽게 찾을 수 있다. 월동은 알로 한다.

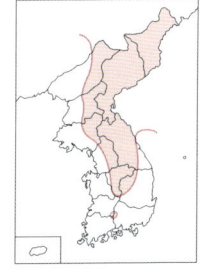

- **분　　포** / 지리산 이북(도서 지방 제외)
- **출 현 기** / 5~6월, 강원도는 7월 초~8월 초(연 1회 발생)
- **식　　수** / 물푸레나무과(쥐똥나무 · 개회나무)
- **암수구별** / 암컷은 수컷보다 크고 날개 윗면의 중앙에 흰색 무늬가 약하게나마 넓게 나타난다.

부전나비과

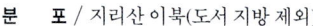

경기도 주금산 1993.6.26. ♀

29. 붉은띠귤빛부전나비 *Coreana raphaelis* (Oberthür)

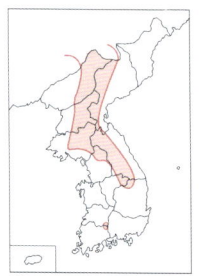

낮은 산지의 계곡이나 산간 마을 주변에 사는데 개체수는 적은 편이다. 오전에는 잎 앞면에 앉아서 일광욕을 하거나 이슬을 빨고, 오후 1~2시경에는 나무 그늘 사이의 습지에 모이나 꽃에서 꿀을 빨지는 않는다. 대부분 오후 3시경에 활동을 시작하는데, 식수 주변을 멀리 떠나는 일은 없다. 암컷은 식수 줄기의 갈라진 틈, 홈 등에 1~17개의 알을 낳는다. 월동은 알로 한다.

분　　포 / 지리산 이북(도서 지방 제외)
출 현 기 / 6월 중순~7월(연 1회 발생)
식　　수 / 물푸레나무과(물푸레나무 · 쇠물푸레나무)
암수구별 / 암컷은 수컷에 비해 날개폭이 넓고 외연이 둥글다. 확실히 구별하려면 배 끝을 확인하는 것이 좋다.

경기도 화야산 2000.6.17. ♂

30. 금강산귤빛부전나비 *Ussuriana michaelis* (Oberthür)

산지의 계곡이나 밭 주변에 살며, 점점 개체수가 감소하고 있다. 한낮에는 거의 날지 않고 해질 무렵에 활발하게 날아다닌다. 알은 식수 줄기의 틈이나 홈 등에서 발견되며, 월동은 알로 한다. 이듬해 5월 말부터 6월 초순경에 물푸레나무에서 나무 줄기의 위아래로 이동하고 있는 종령 애벌레가 관찰된다. 대체로 식수 주변의 낙엽, 돌, 나뭇조각 밑에서 번데기가 된다.

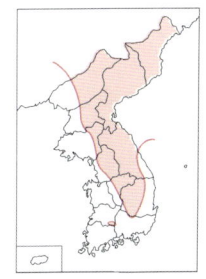

분　　포 / 지리산 이북(도서 지방 제외)
출 현 기 / 경기도 6월 중순~7월, 강원도 7~8월(연 1회 발생)
식　　수 / 물푸레나무과(물푸레나무)
암수구별 / 암컷은 수컷에 비해 날개폭이 넓고 날개의 외연이 둥글며, 날개 윗면의 등황색 무늬가 발달한다.

부전나비과

경기도 광릉 1993. 10. 17. ♀

31. 암고운부전나비 *Thecla betulae* (Linnaeus)

마을 주변의 복숭아나무, 자두나무가 있는 장소에 살며, 수컷은 식수 주변의 나무 꼭대기에 앉아 휴식하는 습성이 있다. 암컷은 발생 초기에 잠시 활동하다가 곧 하면(夏眠)에 들어가며, 가을에 하면에서 깨어나 마타리, 코스모스 등의 꽃에서 꿀을 빨고 식수의 갈라진 틈, 줄기 등에 알을 한 개씩 낳는다. 애벌레는 식수의 잎 뒷면에 붙어 생활하고, 번데기는 식수 주변의 돌 틈이나 낙엽 아랫면에서 발견되는데 꼬리부를 흙 속에 약간 묻는 습성이 있다. 월동은 알로 한다.

분　　포 / 전라남도 광주 이북(도서 지방 제외)
출 현 기 / 6월 중순~10월 중순(연 1회 발생)
식　　수 / 장미과(복숭아나무 · 산옥매 · 자두나무 · 살구 · 앵도)
암수구별 / 암컷은 앞날개 윗면의 전연(前緣)에 주황색 무늬가 있으나 수컷은 없다.

부전나비과

경기도 광릉 1996.6.28. ♂

경기도 광릉 1996.6.27. ♂

강원도 백덕산 1993. 8. 30. ♀

32. 민무늬귤빛부전나비 *Shirozua jonasi* (Janson)

현재 경기도 천마산, 소요산, 강원도 태백산맥이나 충북 소백산 등지에서만 채집되는 희귀한 나비로 서식지는 대부분 참나무 숲 주변이다. 한낮에는 거의 날지 않고 저녁 무렵에 높은 나무 위를 천천히 날아다니며, 흐린 날에는 산 능선에서 정상까지 날아오르는 경우가 많다. 일본에서는 참나무과에 기생하는 진딧물이나 진딧물의 분비물을 먹는 반육식성으로 알려져 있다.

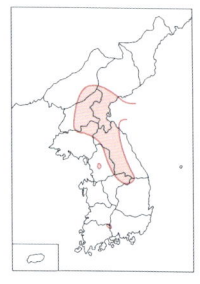

- **분 포** / 지리산 이북(도서 지방 제외)
- **출현기** / 7월 말~9월 초순(연 1회 발생)
- **암수구별** / 암컷은 앞날개 윗면 날개끝에 외연을 따라 흑색 무늬가 있으나, 수컷은 전혀 없다.

경기도 죽엽산 1994.6.5. ♀

33. 귤빛부전나비 *Japonica lutea* (Hewitson)

해질 무렵 떡갈나무가 많은 잡목림 사이를 활발하게 날아다니며, 그 밖의 대부분의 시간은 낮은 나무나 풀잎에 앉아 쉬고 있다. 산지에서는 4~5년에 한 번씩 많이 발생하는 경우가 있다. 가끔 개망초꽃에서 꿀을 빨기도 하나 물가에는 오지 않는다. 암컷은 주로 식수(食樹)의 눈 아래에 한 개씩 산란하며, 알로 월동한다. 이듬해 3월 말경 부화한 애벌레는 새싹을 먹고 들어가 그 속에서 자란다. 번데기는 식수의 잎 뒷면에서 발견되며 대용이다.

- **분 포** / 남한 각지
- **출 현 기** / 5월 말~7월(연 1회 발생)
- **식 수** / 참나무과(떡갈나무)
- **암수구별** / 암컷은 수컷에 비해 날개폭이 넓고 날개의 외연이 둥글어 보인다.

경기도 주금산 1993.6.19. ♀

34. 시가도귤빛부전나비 *Japonica saepestriata* (Hewitson)

대체로 귤빛부전나비와 섞여 살며, 생태적 특징도 두 종이 비슷하다. 오후 5시경 이후 잡목림의 나무 끝 이곳 저곳을 천천히 날아다니고, 간혹 밤나무꽃에서 꿀을 빤다. 알은 갈참나무의 잔 가지에서 암컷의 배 털에 싸인 채로 발견되며, 알로 월동한다.

분　　포 / 경기도, 강원도, 충청도 일부
출 현 기 / 6~7월(연 1회 발생)
식　　수 / 참나무과(갈참나무)
암수구별 / 암컷은 날개 윗면의 외연에 흑색 무늬가 발달하고 후각(後脚) 부분의 흑색 점이 뚜렷하다.

부전나비과

강원도 해산 1996.7.10. ♀   강원도 해산 1996.7.10. ♀

35. 참나무부전나비 *Wagimo signatus* (Butler)

경기도와 강원도의 잡목림에 사는데 눈에 잘 띄지 않는다. 맑은 날 오후 수컷은 나무 끝에서 점유행동을 하는데 다른 녹색부전나비류보다 그 성질이 약하다. 채집가들 사이에서 채집이 어려운 나비로 알려져 있다. 월동은 알로 한다.

분　　포 / 경기도, 강원도
출 현 기 / 6~7월(연 1회 발생)
식　　수 / 참나무과(갈참나무)
암수구별 / 암컷은 수컷에 비해 날개의 외연이 둥글어 보이고 날개 윗면의 보라색 부위가 넓다.

89

부전나비과

강원도 방태산 1996.8.1. ♀

36. 긴꼬리부전나비 *Araragi enthea* (Janson)

아주 희귀한 나비로 최근 강원도 방대산, 태백산 등지의 새로운 서식지가 밝혀진 바 있다. 식수인 야생 가래나무의 주변에 살며, 오전에 햇빛이 잘 드는 곳에서 일광욕을 하고 오후 늦게 습지에서 물을 빠는 습성이 있다. 산란 시기는 9~10월로, 암컷은 식수의 가지나 눈 밑에 알을 한 개씩 낳는데, 간혹 한 군데에 4개 이상의 알을 낳는 경우도 있다. 월동은 알로 한다.

분　　포 / 강원도
출 현 기 / 7월 하순~9월(연 1회 발생)
식　　수 / 가래나무과(가래나무)
암수구별 / 암컷은 수컷보다 날개의 외연이 둥글고, 날개 윗면에 흰색 무늬가 나타난다.

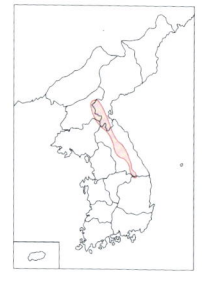

부전나비과

강원도 방태산 1996.8.1. ♀

부전나비과

경기도 주금산 1994.6.11. ♂

37. 담색긴꼬리부전나비 *Antigius butleri* (Fenton)

낮은 산지에서 높은 산지까지 넓게 분포하는데, 특히 참나무 숲 주변에 많이 산다. 경기도에는 이 나비가 물빛긴꼬리부전나비보다 개체수가 많으나, 전라도에는 물빛긴꼬리부전나비가 더 많은 편이다. 오전에는 풀 위나 나뭇가지에서 일광욕을 하고, 한낮에는 거의 날지 않다가 오후 3시 이후부터 활발하게 날아다닌다. 특별한 점유행동은 볼 수 없고, 떡갈나무 줄기의 갈라진 곳에서 산란된 5개의 알을 관찰한 바 있다. 월동은 알로 한다.

분　　포 / 전라남도 광주 이북(도서 지방 제외)
출 현 기 / 6~8월(연 1회 발생)
식　　수 / 참나무과(떡갈나무 · 갈참나무)
암수구별 / 암컷은 수컷보다 날개의 외연이 둥근데, 더 확실히 구별하려면 배 끝을 확인하는 것이 좋다.

강원도 원주 1995.6.22. ♀

38. 물빛긴꼬리부전나비 *Antigius attilia* (Bremer)

마을 근처의 참나무 숲에 살며, 한낮에는 거의 활동하지 않고 주로 나뭇잎 위에서 쉰다. 경기도, 충청도, 전라북도의 서해 쪽으로 개체수가 많아지는 경향이다. 오후 4시경부터 해질 무렵까지 나무 위를 천천히 날아다니는데, 한 장소를 특별히 점유하는 일은 없다. 월동은 알로 한다.

- **분　　포** / 남한 각지
- **출 현 기** / 6~8월(연 1회 발생)
- **식　　수** / 참나무과(상수리나무)
- **암수구별** / 암컷은 수컷보다 날개의 외연이 둥근데, 더 확실히 구별하려면 배 끝을 확인하는 것이 좋다.

강원도 방태산 1996. 6. 30. ♂

39. 깊은산부전나비 *Protantigius superans* (Oberthür)

산지의 잡목림에서 드문드문 채집되고 있으나 매우 희귀한 나비이다. 오전에는 주로 잎이나 풀 위에서 일광욕을 하며, 오후 늦게는 높은 산지의 능선을 가로질러 정상까지 날아오르기도 한다. 한낮에는 주로 나뭇잎 위에서 쉬며, 암컷은 드물게 큰까치수영꽃에서 꿀을 빨기도 한다. 월동은 알로 하는 것으로 추정된다.

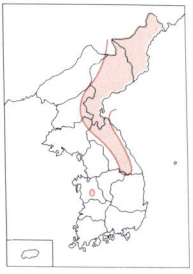

- **분　　포** / 충청남도 계룡산, 경상북도 소백산, 강원도 일대
- **출 현 기** / 6~8월(연 1회 발생)
- **식　　수** / 버드나무과(사시나무)
- **암수구별** / 암컷은 수컷보다 날개의 외연이 둥글어 보이고 날개 윗면에 흰색 무늬가 발달한다.

강원도 방태산 1996.6.30. ♂

부전나비과

경기도 주금산 1993.6.27. ♀

40. 작은녹색부전나비 *Neozephyrus japonicus* (Murray)

산에 인접해 있는 마을이나 오리나무가 서식하는 냇가에 살며, 개체수가 점점 줄어들고 있다. 1977년에 경기도 광릉에서 많이 발생한 적이 있으나 그 이후 쉽게 채집되지 않고 있다. 수컷은 나무 꼭대기에 앉아서 일광욕을 하며, 오후 늦게 여러 마리가 엉켜 뱅글뱅글 돌며 아래로 내려왔다가 다시 위로 날아오르는 행동을 반복한다. 이른 아침보다 오후 늦게 이러한 습성이 더 강하게 나타난다.

- **분　　포** / 지리산 이북(도서 지방 제외)
- **출 현 기** / 6~7월(연 1회 발생)
- **식　　수** / 자작나무과(오리나무)
- **암수구별** / 수컷의 날개 윗면은 황록색 광택이 나나 암컷은 흑갈색을 띤다.

부전나비과

경기도 주금산 1994. 6. 21. ♂   강원도 광덕산 1996. 7. 10. ♀

41. 암붉은점녹색부전나비 *Chrysozephyrus smaragdinus* (Bremer)

서식지는 북방녹색부전나비와 일치하나 개체수는 보다 많은 편이다. 오전 11시 이후부터 오후 늦게까지 활동한다. 수컷은 습지에서 물을 빨기도 하며, 높은 나무 끝에서 점유행동을 하는데 그 영역이 꽤 넓은 편이고, 서로 엉켜 높은 곳에서 뱅글뱅글 돌기도 한다. 월동은 알로 한다.

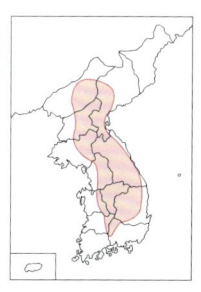

- **분　　포** / 지리산 이북(도서 지방 제외)
- **출 현 기** / 6월 말~8월(연 1회 발생)
- **식　　수** / 장미과(벚나무 · 귀룽나무)
- **암수구별** / 수컷의 날개 윗면은 황록색 광택이 나나 암컷은 흑갈색을 띤다.

부전나비과

강원도 방태산 1996.6.30. 우

42. 북방녹색부전나비
Chrysozephyrus brillantinus (Staudinger)

주로 참나무가 우거진 숲에서 볼 수 있다. 수컷은 오전 7~9시 전후에 높은 나무 끝에서 점유행동을 하고, 서로 엉켜 뱅글뱅글 돌면서 내려오다가 다시 흩어져 오르는 일을 반복한다. 암컷은 가끔 그늘진 나뭇잎 위에 정지한다. 암붉은점녹색부전나비가 오전 11시 이후부터 오후 늦게까지 활동하는 것과 많은 차이가 난다. 월동은 알로 한다.

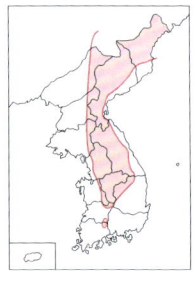

분　　포 / 지리산 이북(도서 지방 제외)
출 현 기 / 7~8월(연 1회 발생)
식　　수 / 참나무과(굴참나무·갈참나무)
암수구별 / 수컷의 날개 윗면은 황록색 광택이 나나 암컷은 흑갈색을 띤다.

경기도 주금산 1994.6.19. ♀

경기도 주금산 1996.6.27. ♂

부전나비과

전라남도 두륜산 1996. 7. 16. 우 (정헌천 제공)

43. 남방녹색부전나비 *Thermozephyrus ataxus* (Westwood)

우리 나라의 유일한 서식지는 높이 20~30m 정도의 붉가시나무 숲이 있는 전라남도 해남 두륜산과 대둔산으로 해안성 기후에 잘 적응되어 있다. 수컷은 오전 10시경부터 활동하는데, 최대 활동기는 오후 2~4시경이며 이 때 점유행동을 한다. 녹색부전나비류 중에서 가장 빠르게 날기 때문에 채집이 어렵고 암컷은 보기도 어렵다. 월동은 알로 한다.

분　　포 / 전라남도 해남의 두륜산, 대둔산
출 현 기 / 7~8월 초 (연 1회 발생)
식　　수 / 참나무과 (붉가시나무)
암수구별 / 수컷의 날개 윗면은 황록색 광택이 나나 암컷은 앞날개 윗면 중앙이 청색을 띤다.

전라남도 두륜산 1996. 7. 13. ♂ (정헌천 제공)

전라남도 두륜산 1996. 7. 13. ♂ (정헌천 제공)

부전나비과

부전나비과

경기도 주금산 1992.7.1. ♂　　　　　　　　　경기도 주금산 1987.6.21. ♀

44. 은날개녹색부전나비 *Favonius saphirinus* (Staudinger)

낮은 산지의 참나무가 드문드문 있는 곳에 많으며, 금강산녹색부전나비나 넓은띠녹색부전나비와 섞여 사는 경우가 많다. 오전 6~7시경 풀잎 위에 앉아 일광욕을 하고, 한낮에는 거의 활동하지 않다가 오후 4시경부터 해질 무렵까지 활발하게 활동한다. 점유행동은 이 속의 나비 중에서 가장 약하게 한다. 월동은 알로 한다.

- **분　　포** / 경기도, 충청도, 강원도, 전라도 일부
- **출 현 기** / 6~8월(연 1회 발생)
- **식　　수** / 참나무과(갈참나무)
- **암수구별** / 수컷의 날개 윗면은 청록색 광택이 나나 암컷은 흑갈색을 띤다.

경기도 천마산 1996. 7. 1. ♀

45. 검정녹색부전나비
Favonius yuasai (Shirôzu)

이 속의 나비 중에서 수컷의 앞날개가 청록색 광택을 띠지 않는 유일한 종으로 개체수가 대단히 적다. 산간 마을이나 논밭 주변의 상수리나무, 굴참나무가 많은 곳에 살며 보통 해질 무렵 높은 나무 위를 활발하게 날아다니고, 한 자리에 다시 오는 습성이 있다. 암컷은 나뭇잎이나 줄기 위에 앉아 쉬는 일이 많으며, 수컷과 달리 낮은 곳에 내려온다. 월동은 알로 한다.

분 포 / 경기도, 강원도 일부
출 현 기 / 6월 중순~8월 (연 1회 발생)
식   수 / 참나무과 (굴참나무 · 상수리나무)
암수구별 / 수컷의 날개 윗면은 광택이 나는 흑갈색이나 암컷은 광택이 나지 않는다.

부전나비과

강원도 광덕산 1996. 7. 10. ♀

46. 큰녹색부전나비 *Favonius orientalis* (Murray)

낮은 산지부터 높은 산지의 참나무 숲에 살며 녹색부전나비류 중 분포 범위가 가장 넓고 개체수도 많다. 수컷은 하루 중 오전 8~9시 사이가 최대 활동기이고 오후 4시경 이후에도 잘 활동한다. 간혹 그늘진 계곡의 습지에 모여 물을 빨기도 하고, 점유행동은 높은 곳의 두세 군데 나뭇잎을 고집하면서 영역권 내에 다른 수컷이 들어오면 사정없이 쫓아 버린다. 암컷은 식수의 가지에 알을 한 개씩 낳고, 월동은 알로 한다.

분 포 / 남한 각지
출 현 기 / 6월 중순~8월(연 1회 발생)
식 수 / 참나무과(신갈나무 · 갈참나무 · 상수리나무)
암수구별 / 수컷의 날개 윗면은 청록색 광택이 나나 암컷은 흑갈색을 띤다.

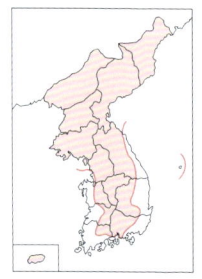

부전나비과

경기도 정개산 1999. 6. 13. ♂

부전나비과

강원도 해산 1996.7.7. ♂

47. 깊은산녹색부전나비 *Favonius korshunovi* Dubatolov et Sergeev

지금까지 종명 *macrocerus* Wakabayashi et Fukuda가 적용되어 왔다. 낮은 산지에서 높은 산지까지의 활엽수림에 살며 개체수는 많은 편으로, 큰녹색부전나비보다 높은 지대에 사는 것으로 보인다. 지금까지 큰녹색부전나비로 알고 있던 표본 중에 이 나비가 포함되어 있을 가능성이 많다. 수컷은 오전 일찍과 오후 4시 이후에 가장 활발하게 활동하며, 높은 나무 끝에서 활발히 점유행동을 한다. 남한에서 채집되는 녹색부전나비류의 암컷 중에서 날개 윗면에 청색과 적색 무늬가 동시에 나타나는 경우가 가장 많다. 월동은 알로 한다.

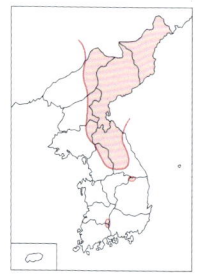

분　　포 / 지리산 이북(도서 지방 제외)
출 현 기 / 6월 중순~8월(연 1회 발생)
식　　수 / 참나무과(신갈나무 · 갈참나무)
암수구별 / 수컷의 날개 윗면은 청록색 광택이 나나 암컷은 흑갈색
　　　　　 을 띤다.

강원도 쌍룡 1995.6.21. ♂

48. 금강산녹색부전나비 *Favonius ultramarinus* (Fixsen)

낮은 산지의 계곡에 있는 떡갈나무 숲에 많으며 대체로 은날개녹색부전나비와 같이 사는 경우가 많다. 아침에는 물가에 모여 물을 먹고 간혹 개망초 등의 꽃에서 꿀을 빠는 것이 관찰된다. 수컷은 보통 해가 뜰 때나 해질 무렵에 활발하게 활동하며, 저녁에 떡갈나무 꼭대기에서 서로 뱅글뱅글 돌듯이 나는 것을 볼 수 있다. 월동은 알로 하는데, 다른 녹색부전나비류와 같이 알 속에서 배발생되어 1령 애벌레가 형성된다.

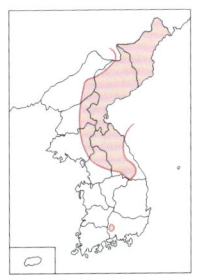

분　　포 / 경기도, 강원도, 경상남도 일부
출 현 기 / 6월 중순~8월(연 1회 발생)
식　　수 / 참나무과(떡갈나무)
암수구별 / 수컷의 날개 윗면은 청록색 광택이 나나 암컷은 흑갈색을 띤다.

부전나비과

강원도 광덕산 1991.6.20. ♀

49. 넓은띠녹색부전나비 *Favonius cognatus* Staudinger

지금까지는 종명 *latifasciatus* Shirôzu et Hayashi 가 적용되어 왔다. 낮은 산지의 참나무 숲이나 그 주변에 살며 다른 종과 섞여 사는 경우가 많다. 수컷은 주로 오후 3~5시경에 참나무 잎 끝에서 점유행동을 하며, 채집하기는 쉬운 편이다. 암컷은 잘 움직이지 않고 나무 그늘에서 쉬는 경우가 많으며, 비교적 낮은 위치의 나뭇가지나 줄기의 틈에 알을 한 개씩 낳는다. 월동은 알로 한다.

- **분　　포** / 전라남도 광주 이북(도서 지방 제외)
- **출 현 기** / 6월 중순~8월(연 1회 발생)
- **식　　수** / 참나무과(갈참나무)
- **암수구별** / 수컷의 날개 윗면은 녹색 광택이 나나 암컷은 흑갈색을 띤다.

108

경기도 해산 1997.6.29. ♂

경기도 주금산 1994.6.19. ♂

부전나비과

강원도 계방산 1990.7.15. ♀

50. 산녹색부전나비 *Favonius taxila* (Bremer)

지금까지는 종명 *aurorinus* Oberthür 가 적용되어 왔다. 계곡이나 숲길 주변의 참나무 숲에 살며 개체수는 많은 편이다. 수컷은 주로 오전 9시 전후에 점유행동을 활발히 하며, 습지에서 물을 빨거나 개망초꽃에서 꿀을 빨기 위해 모이기도 한다. 암컷은 주로 참나무의 낮은 위치에서 겨울눈 아래에 한 개~수십여 개의 알을 낳는다. 월동은 알로 하며, 부화한 애벌레는 밤에 잎을 먹는 습성이 있다.

분　 포 / 남한 각지(충청남도 제외)
출 현 기 / 6월 중순~8월(연 1회 발생)
식　 수 / 참나무과(신갈나무·갈참나무·떡갈나무)
암수구별 / 수컷의 날개 윗면은 녹색 광택이 나나 암컷은 흑갈색을 띤다.

부전나비과

경기도 주금산 1993. 6. 12. ♂

경기도 주금산 1996. 6. 12. ♂

부전나비과

경기도 천마산 1987.7.4. 여름형 ♂

51. 범부전나비 *Rapala caerulea* (Bremer et Grey)

평지에서 산지까지 넓게 분포하며 봄형의 개체수가 여름형보다 많다. 수컷은 양지바른 곳에서 점유행동을 하는데 한 장소를 고집하지는 않으며, 습지에도 잘 모인다. 암수 모두 파, 개망초, 사과꽃에 모여 꿀을 빤다. 애벌레는 식초의 잎보다 꽃을 더 잘 먹으며, 다 자란 후 식초 주변의 마른 가지나 낙엽, 돌 밑에서 번데기가 된다. 우리 나라에서는 이 속의 다른 한 종인 울릉범부전나비가 울릉도와 제주도에 분포하고 있다.

분　포 / 남한 각지
출 현 기 / 봄형 4월 하순~6월, 여름형 7~8월(연 2회 발생)
식　초 / 콩과(고삼·조록싸리·아까시나무), 갈매나무과(갈매나무)
암수구별 / 수컷은 날개 윗면에 보라색이 강하게 나타나고, 뒷날개 윗면 제 7실 기부 근처에 갈색의 성표가 있다.

부전나비과

서울 반포동 1994.6.26. 여름형 ♀

강원도 모곡 1990.5.16. 봄형 ♂

강원도 쌍룡 1997.4.27. ♂

52. 북방쇳빛부전나비
Callophrys frivaldszkyi (Lederer)

이른 봄 양지바른 활엽수림 주변의 초원에 가면 쉽게 볼 수 있다. 분포 범위는 쇳빛부전나비보다 훨씬 좁고, 같은 장소에 두 종이 서식하는 경우가 많다. 수컷들은 마른 풀 위에서 점유행동을 하며, 복숭아나무꽃에서 꿀을 빤다. 쇳빛부전나비와 습성이 아주 비슷하다.

- **분   포** / 경기도 일부, 강원도
- **출 현 기** / 4~5월(연 1회 발생)
- **식   수** / 장미과(둥근조팝나무)
- **암수구별** / 암컷은 수컷보다 크고 날개 외연이 둥근 편이며, 날개 윗면에 광택이 나는 보라색 부위가 넓다

부전나비과

강원도 쌍룡 1997. 4. 18. ♂

강원도 쌍룡 1997. 5. 1. ♂

부전나비과

경기도 광릉 1993.4.25. ♀

53. 쇳빛부전나비 *Callophrys ferrea* (Butler)

이른 봄 양지바른 활엽수림 주변의 관목에서 많이 볼 수 있다. 암수 모두 진달래, 조팝나무 등의 꽃에서 꿀을 빨고, 앉을 때에는 햇빛을 향해 날개를 수직으로 하는 습성이 있다. 수컷은 점유행동을 강하게 하며 물가에도 잘 모인다. 암컷은 활발하게 활동하지 않고, 식수의 가지 사이에 알을 한 개씩 낳는다. 애벌레는 5월 하순경에 식수 주변의 낙엽 사이에서 번데기가 되며 그 상태로 월동한다.

분　　포 / 남한 각지(제주도 제외)
출 현 기 / 4~5월(연 1회 발생)
식　　수 / 진달래과(진달래), 장미과(조팝나무)
암수구별 / 수컷은 앞날개 외연이 직선적이고 앞날개 윗면 전연 쪽으로 타원형의 성표가 있다.

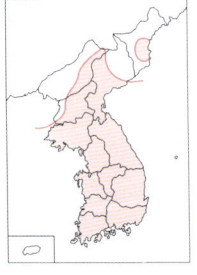

부전나비과

강원도 방태산 1991. 4. 21. ♂

서울 경희대 1997. 4. 12. ♂

부전나비과

경기도 명지산 1996.6.2. ♀

54. 민꼬리까마귀부전나비
Fixsenia herzi (Fixsen)

산지의 계곡을 낀 숲길에 살며 오후에만 가끔 관목 위를 빠르게 날다가 그늘진 잎 위에 앉아 쉬는데, 대부분 잘 날지 않기 때문에 눈에 덜 띈다. 5월 초 귀룽나무 근처의 풀줄기에서 번데기를 발견할 수 있는데, 특히 번데기 등 쪽의 무늬는 세로로 배열된 단추 모양을 하여 독특하다. 월동은 애벌레로 한다.

분　　포 / 경기도, 강원도, 경상북도, 충청북도 일부
출 현 기 / 5~6월(연 1회 발생)
식　　수 / 장미과(귀룽나무 · 털야광나무)
암수구별 / 수컷은 앞날개 윗면 중실 위쪽에 반원형의 성표가 있다.

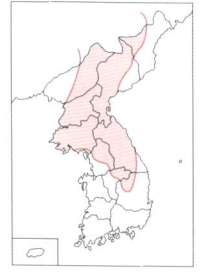

부전나비과

경기도 주금산 1994.6.17. ♂ (이영준 제공)

55. 까마귀부전나비
Fixsenia w-album (Knoch)

계곡 주변의 느릅나무가 많은 곳에 살며, 일광욕을 하기 위해 앉을 때에는 태양을 향해 비스듬히 날개를 눕히는 습성이 있다. 수컷은 오전부터 관목 윗부분의 잎에서 점유행동을 하며, 가끔 물가에 모이기도 하는데 재빠르게 날기 때문에 주의 깊게 살펴보아야 채집할 수 있다. 월동은 알로 한다.

분　　포 / 경기도, 강원도
출 현 기 / 6월 중순~7월(연 1회 발생)
식　　수 / 느릅나무과(느릅나무)
암수구별 / 수컷은 앞날개 윗면 중실 위쪽에 반원형의 성표가 있다.

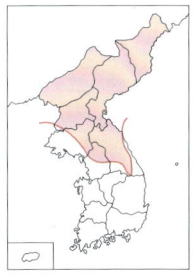

119

부전나비과

경기도 주금산 1995.6.24. ♂

56. 참까마귀부전나비
Fixsenia eximia (Fixsen)

산지의 계곡이나 건조한 지대의 관목림에 살며, 개체수는 적은 편이다. 뒷날개의 꼬리모양돌기가 이 속의 나비 중에서 가장 길다. 수컷은 물가에서 물을 먹거나 개망초, 큰까치수영 등의 꽃에 모이는데, 꿀을 빨 때 날개를 접고 더듬이를 위아래로 움직이며 꽃 위를 걸어다닌다. 수컷은 한낮에 점유행동을 하나 심하지는 않다. 월동은 알로 한다.

- **분 포** / 남한 각지(충청남도, 제주도 제외)
- **출현기** / 6월 중순~7월(연 1회 발생)
- **식 수** / 갈매나무과(갈매나무·참갈매나무·털갈매나무)
- **암수구별** / 수컷은 앞날개 윗면의 중실 위쪽에 반원형의 성표가 있다.

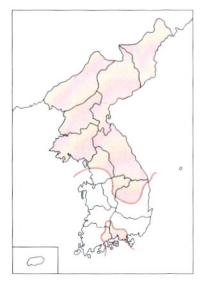

강원도 영월 1996.6.10. ♂

57. 꼬마까마귀부전나비 *Fixsenia prunoides* (Staudinger)

산지의 능선이나 그 주변에 많으며 개체수는 많은 편이다. 수컷은 능선에 있는 관목이나 소교목 위에서 뿐만 아니라 산꼭대기에서 점유행동을 하며 큰까치수영, 개망초 등의 흰색 꽃에 모여 꿀을 빤다. 암컷은 움직임이 별로 없고, 식수 줄기의 갈라진 틈에 알을 한 개씩 낳는다. 월동은 알로 한다.

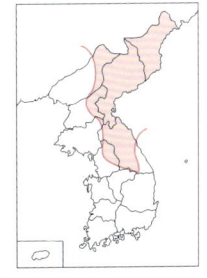

- **분　포** / 경기도, 강원도
- **출 현 기** / 6월~7월 초순(연 1회 발생)
- **식　수** / 장미과(조팝나무)
- **암수구별** / 암컷은 수컷에 비해 날개 외연이 둥글어 보이는데, 더 확실히 구별하려면 배 끝을 확인하는 것이 좋다.

부전나비과

강원도 모곡 1993.5.28. ♀

58. 벚나무까마귀부전나비 *Fixsenia pruni* (Linnaeus)

마을이나 학교, 산지의 숲 가장자리 등지의 벚나무가 많은 곳에 살며 개체수는 적다. 한낮에는 대체로 나뭇잎 위에서 날개를 접고 앉아 쉬고 있어 발견하기가 쉽지 않다. 수컷은 점유행동을 거의 하지 않고, 가끔 큰까치수영꽃에서 꿀을 빠는 경우가 있다. 월동은 알로 한다.

- **분　　포** / 경기도, 강원도, 충청북도 일부
- **출 현 기** / 5~6월(연 1회 발생)
- **식　　수** / 장미과(벚나무 · 왕벚나무 · 복숭아나무)
- **암수구별** / 암컷은 수컷에 비해 날개 외연이 둥글고 바탕색이 옅다. 더 확실히 구별하려면 배 끝을 확인하는 것이 좋다.

강원도 쌍룡 1994.6.18. ♂

59. 북방까마귀부전나비
Fixsenia spini (Schiffermüller)

최근 강원도 영월 일대의 다산지가 발견되기 전까지 희귀종에 속하였다. 주로 느릅나무가 많은 낮은 산지의 능선이나 정상에서 볼 수 있다. 수컷은 점유행동을 강하게 나타내며 개망초 등의 흰색 꽃에서 꿀을 빠는데, 습지에 모이는 것은 관찰되지 않았다. 알은 식수의 가지나 수피의 홈, 틈에서 한 개~수십여 개가 관찰된다. 월동은 알로 한다.

분　　포 / 경기도 일부, 강원도
출 현 기 / 6월 중순~7월 중순(연 1회 발생)
식　　수 / 갈매나무과(갈매나무)
암수구별 / 수컷은 앞날개 윗면 중실 위쪽에 반원형의 성표가 있다.

부전나비과

경기도 주금산 1993.6.26. ♀

60. 쌍꼬리부전나비
Spindasis takanonis (Matsumura)

낮은 산지의 소나무 숲 주변이나 계곡에 많다. 수컷은 맑은 날 오전에는 별로 움직임이 없다가 오후 5시 이후에 활발하게 날며 점유행동도 강하게 한다. 앉아서 쉴 때는 날개를 접고, 꿀을 빨거나 점유행동을 할 때는 날개를 펴고 앉는다. 흡밀식물로는 개망초, 큰까치수영 등이 있다. 일본에서는 이 나비의 애벌레가 개미와 밀접한 관계를 가지고 있는 것으로 알려져 있다.

분　　포 / 경기도, 강원도 일부, 충청도 일부
출 현 기 / 6~7월 중순(연 1회 발생)
암수구별 / 수컷은 암컷에 비해 날개 외연이 직선적이고, 날개 윗면 기부의 절반 정도가 보라색을 띤다.

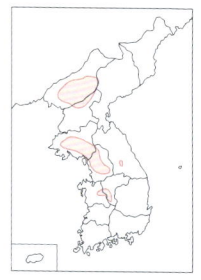

서울 반포동 2004.6.13. ♂

경기도 주금산 1993.6.25. ♂ (박경태 제공)

부전나비과

부전나비과

인천 용유도 1996.8.30. ♂

61. 큰주홍부전나비 *Lycaena dispar* (Haworth)

주로 강둑이나 논밭 근처에 산다. 암수 모두 개망초, 미나리 등의 꽃에서 꿀을 빨며, 수컷은 오전에 풀잎 위에서 일광욕을 하거나 점유행동을 한다. 암컷은 식초의 잎이나 마른 풀에 알을 한 개씩 낳는데, 산란 장소는 일정하지 않다. 부화한 애벌레는 처음에는 잎맥을 남기고 식초를 먹다가 중령 이후에는 잎맥까지 먹어 버린다. 월동은 애벌레로 하는데, 이 때 여러 령의 애벌레가 발견된다.

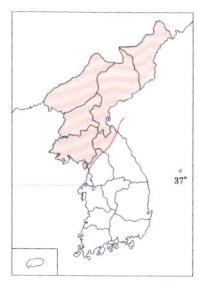

- **분   포** / 37° 이북 지역
- **출 현 기** / 5~10월(연 2~3회 발생)
- **식   초** / 마디풀과(참소리쟁이 · 소리쟁이)
- **암수구별** / 수컷의 날개 윗면은 주황색을 띠나 암컷에서는 흑색 무늬가 나타난다.

부전나비과

경기도 전곡 1993. 9. 4. ♂

인천 용유도 1996. 8. 30. ♀

부전나비과

경기도 광릉 1996.6.2. 봄형 ♂

62. 작은주홍부전나비 *Lycaena phlaeas* (Linnaeus)

　산지의 풀밭이나 계곡, 도시의 빈 터 등 어디에서나 흔한 종이다. 봄부터 가을까지 볼 수 있으며, 여름형은 날개의 색이 검어지는 경향이 있다. 수컷은 재빠르게 날며, 풀잎 위에서 점유행동을 한다. 암수 모두 민들레, 개망초 등 각종 꽃에 잘 모이나 물가에는 모이지 않는다. 암컷은 식초 근처의 마른 풀 위에 알을 한 개씩 낳으며, 부화한 애벌레는 보통 낮에는 활동하지 않고 밤에 잎을 먹는다. 월동은 애벌레로 한다.

분　　포 / 남한 각지
출 현 기 / 4~10월(연 수회 발생)
식　　초 / 마디풀과(애기수영 · 수영 · 소리쟁이)
암수구별 / 암컷은 날개 외연이 둥글어 보이고, 주황색 무늬가 다소 발달한다.

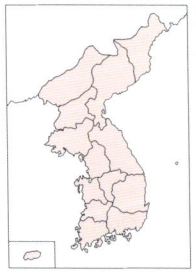

부전나비과

경기도 광릉 1990. 7. 12. 여름형 ♂

제주도 안덕계곡 1990. 8. 3. 여름형 ♂

부전나비과

강원도 영월 1993.7.14. ♂

63. 담흑부전나비
Niphanda fusca (Bremer et Grey)

낮은 산지의 상수리나무, 소나무 등이 드문드문 있는 초지에 산다. 수컷은 맑은 날에 점유행동을 하고 엉겅퀴, 개망초, 탱자나무 등의 꽃에 모여 꿀을 빤다. 개체수는 많은 편이나 근래 경기도 인근 지역에서는 드물어졌다. 일본의 자료에 의하면 이 나비의 1~2령 애벌레는 나무에서 진딧물과 공생하다가 2령 이후에 일본왕개미와 다시 공생하는 것으로 알려져 있다.

분　　포 / 남한 각지
출 현 기 / 6월 중순~8월 초(연1회 발생)
암수구별 / 수컷의 날개 윗면은 보랏빛 광택이 나나, 암컷은 나지 않는다.

부전나비과

제주도 한림 1997. 10. 24. ♀

제주도 약천사 2001. 11. 4. ♂

64. 물결부전나비
Lampides boeticus (Linnaeus)

서해안, 남해안과 그 일대의 섬들이나 제주도의 낮은 지대에서 많이 관찰된다. 보통 가을에 개체수가 늘어나는 추세이다. 마을 주변 풀밭의 국화, 메밀, 도깨비바늘꽃에 잘 날아오르는데, 식초인 재배 콩 주변에서 많이 볼 수 있다. 수컷은 산정에 올라가 점유행동을 보이지만 암컷은 식초 주변을 그다지 떠나지 않는다.

분　　포 / 서해안, 남해안과 그 일대 섬, 제주도
출 현 기 / 3~11월(연 수회 발생)
식　　초 / 콩과(울콩 등 재배 콩)
암수구별 / 수컷의 날개 윗면은 밝은 청람색이지만 암컷은 다소 어둡다.

131

서울 서초동 1997.10.19. ♂

65. 남방부전나비 *Pseudozizeeria maha* (Kollar)

도심의 공원, 논밭 주변, 가정의 정원 등지에서 쉽게 볼 수 있는 나비이다. 나는 속도는 다른 소형 부전나비들보다 느린 편이고, 암수 모두 민들레, 개망초, 쑥부쟁이 등의 꽃에서 꿀을 빤다. 일광욕을 할 때에는 날개를 반쯤 펴고 앉으나 그 밖의 대부분은 날개를 접고 앉는다. 이 때 뒷날개를 비비는 습성이 있다. 봄, 여름보다 가을에 개체수가 늘어난다.

분   포 / 36° 이남 지역, 울릉도
출 현 기 / 4~10월(연 수회 발생)
식   초 / 괭이밥과(괭이밥)
암수구별 / 수컷은 날개 윗면이 청람색을 띠나 암컷은 어두운 갈색을 띤다.

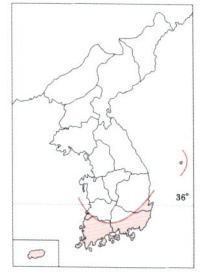

부전나비과

서울 반포동 1995.8.18. 교미

서울 서초동 1996.9.27. ♀

경상북도 감포 1997.5.9. 봄형 우

66. 극남부전나비 *Zizina otis* (Fabricius)

최근 제주도 외에 경상북도 감포 등지에서의 서식이 확인되었다. 서식지는 해안에서 가까운 풀밭이나 모래밭 주변으로, 개체수는 남방부전나비보다 적다. 각종 꽃에 잘 모이며 수컷은 물가에 오는 경우가 많다. 암컷은 식초의 잎 앞면에 알을 한 개씩 낳는다.

- **분   포** / 제주도와 경상북도 동해안 일부
- **출 현 기** / 5~10월(연 수회 발생)
- **식   초** / 콩과(벌노랑이 · 토끼풀 · 매듭풀)
- **암수구별** / 수컷의 날개 윗면은 보라색을 띤 남색이나 암컷은 어두운 갈색이다.

부전나비과

경상북도 망양 1997.8.16. 교미

부전나비과

경기도 청계산 1992.5.24. ♂

67. 암먹부전나비 *Everes argiades* (Pallas)

길가나 강둑, 산지의 초지 등 전국 어디서나 쉽게 볼 수 있으며, 봄형은 여름형에 비하여 날개 아랫면의 무늬가 흐려 보인다. 암수 모두 각종 꽃에 잘 모여 꿀을 빨고, 맑은 날에는 날개를 반쯤 펴고 일광욕을 한다. 수컷은 풀밭을 낮게 활발히 날아다니며 물가에서 물을 먹는다. 월동은 번데기로 한다.

분　　포 / 남한 각지
출 현 기 / 3월 하순~10월(연 3~4회 발생)
식　　초 / 콩과(매듭풀 · 갈퀴나물 · 광릉갈퀴)
암수구별 / 수컷의 날개 윗면은 남색을 띠나 암컷은 어두운 갈색이다.

부전나비과

경상북도 문경 1990. 7. 20. ♀

강원도 쌍룡 1994. 8. 10. 교미

충청북도 단양 1997.8.17. ♂

68. **먹부전나비** *Tongeia fischeri* (Eversmann)

암먹부전나비와 거의 같은 크기이며 길가나 제방, 정원 등에 산다. 서식지 주변에서 멀리 벗어나는 일이 드물고, 풀이나 바위 위에서 날개를 반쯤 펴고 앉아서 쉰다. 나는 힘은 약하나 작은 날개로 꽤 바쁘게 움직인다. 암수 모두 개망초, 토끼풀 등의 꽃에서 꿀을 빨며, 수컷은 습지에서 물을 빨아먹기도 한다.

분　포 / 남한 각지
출현기 / 4~10월(연 3~4회 발생)
식　초 / 돌나물과(바위채송화 · 땅채송화 · 둥근바위솔 · 돌나물)
암수구별 / 암컷은 수컷보다 날개 외연이 둥글어 보이는데, 더 확실히 구별하려면 배 끝을 확인하는 것이 좋다.

제주도 함덕 2003. 11. 8. ♂

69. 남방남색꼬리부전나비 *Arhopala bazalus* (Hewitson)

현재 경상남도 통영과 제주도 함덕의 동백 동산에만 분포하는 아주 희귀한 나비이다. 종가시나무가 많은 상록수림에 사는데, 최근의 기록을 보면 겨우 두 개체만 채집했을 뿐이다. 국외에는 일본, 중국 동부, 타이완에 분포한다. 어른벌레로 겨울을 나는데, 남방남색부전나비와 습성이 거의 같은 것으로 보고 있다.

분　　포 / 경상남도 통영, 제주도 함덕 동백 동산
출 현 기 / 3~11월(연 수회 발생)
암수구별 / 수컷은 바탕색이 검고 청남색 광택이 매우 약한데 비해 암컷은 앞날개에만 좁지만 분명하게 나타난다.

제주도 함덕 2003. 8. 15. ♀

70. 남방남색부전나비 *Arhopala japonica* (Murray)

현재 제주도 함덕에서만 국한하여 서식한다. 종가시나무가 많은 장소에 살며, 활동 영역이 좁아 서식지에서 멀리 떠나는 일이 드물다. 수컷은 5~6m 정도의 나뭇잎 위에서 점유행동을 하고, 암컷은 맑은 날 낮은 위치의 종가시나무 눈에다 한 개씩 알을 낳는다. 봄보다 여름에서 가을에 걸쳐 개체수가 많아진다. 월동은 어른벌레로 한다.

분　　포 / 제주도 함덕
출 현 기 / 4월~11월 초(연 3회 발생)
식　　수 / 참나무과(종가시나무)
암수구별 / 암컷의 날개 윗면 남색이 더 밝다.

71. 산푸른부전나비
Celastrina sugitanii Matsumura

푸른부전나비와 형태가 비슷하여 같은 종으로 혼동되어 왔다. 주로 계곡 주변의 양지바른 곳에 살며, 수컷은 습지에서 떼지어 물을 빠는데, 보통 푸른부전나비와 섞여 있는 경우가 많다. 암컷은 수컷에 비해 채집이 더 어렵고, 산란 시기에나 비로소 나무 사이를 느리게 날아다니는 것을 볼 수 있다.

분　　포 / 경기도, 강원도, 지리산
출 현 기 / 4~5월(연 1회 발생)
식　　수 / 운향과(황벽나무), 층층나무과(층층나무)
암수구별 / 수컷은 날개 윗면이 밝은 남색을 띤다. 암컷은 날개의 외연 쪽으로 굵은 흑갈색 띠가 나타나고 그 밖에는 청백색의 무늬가 나타난다.

경기도 화야산 1991.4.28. ♂

경기도 광릉 1993.4.23. ♀

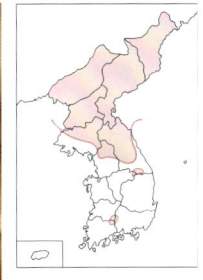

부전나비과

제주도 안덕계곡 1999.8.15. ♀

경기도 주금산 1995.5.5. ♂ ┣━━┫

72. 푸른부전나비 *Celastrina argiolus* (Linnaeus)

흔히 볼 수 있는 종으로 낮은 산지에서 높은 산지까지 서식지의 범위가 넓다. 길가나 하천변의 습지에서 볼 수 있는데, 때로는 집단으로 모이기도 한다. 새똥에도 잘 모이며, 라일락, 토끼풀, 싸리 등의 각종 꽃에 모여 꿀을 빤다. 수컷은 높은 장소까지 날아오르기도 하며 약하게 점유행동을 보인다. 암컷은 배 끝을 구부려 식초의 꽃봉오리에 알을 한 개씩 낳고, 부화한 애벌레는 주로 꽃을 먹는다. 월동은 번데기로 한다.

분　　포 / 남한 각지
출 현 기 / 3월 하순~10월(연 수회 발생)
식　　초 / 콩과(싸리 · 좀싸리 · 고삼 · 아까시나무 · 땅비싸리)
암수구별 / 수컷은 날개 윗면이 밝은 남색을 띤다. 암컷은 날개 외연이 흑갈색이며 기부 가까이 청백색의 무늬가 있다.

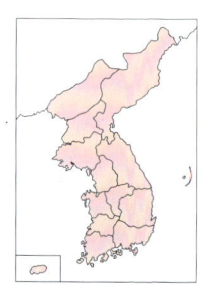

142

부전나비과

경기도 우면산 1995.5.5. ♂

경기도 광릉 1993.4.30. ♂

강원도 영월 1995.6.7. ♂

73. 회령푸른부전나비 *Celastrina oreas* (Leech)

푸른부전나비와 비슷하여 구별이 어렵다. 남한에서는 대구 비슬산에서 처음 발견된 이후 최근 강원도 영월 일대에 많이 서식하는 것이 확인되었다. 푸른부전나비에 비해 움직임이 크나 나는 힘이 약하다. 수컷은 습지에 떼지어 모이며 암수 모두 조뱅이, 개망초, 엉겅퀴 등의 꽃에서 꿀을 빤다. 암컷은 주로 오후에 식수 줄기의 밑동 근처나 갈라진 곳에 알을 한 개씩 낳는데, 때로는 같은 곳에 수십여 개를 낳기도 한다. 월동은 알로 한다.

- **분 포** / 강원도, 경상북도 일부
- **출 현 기** / 6월(연 1회 발생)
- **식 수** / 장미과(가침박달)
- **암수구별** / 수컷은 날개 윗면이 밝은 남색을 띤다. 암컷은 날개의 외연부가 흑갈색이고 기부 가까이 청백색의 무늬가 나타난다.

부전나비과

강원도 영월 1994.6.3. ♀

강원도 쌍룡 1992.6.6. ♂

강원도 영월 1995.6.7. ♂

부전나비과

경기도 화야산 1996.5.11. ♂

74. 작은홍띠점박이푸른부전나비 *Scolitantides orion* (Pallas)

하천변이나 길가에 많이 살며 이 곳을 멀리 벗어나는 일은 드물다. 주로 냉이, 민들레 등의 꽃에서 꿀을 빨며 수컷은 습지에 잘 모이고, 햇볕이 따뜻할 때는 날개를 반쯤 펴고 일광욕을 한다. 종령 애벌레 때는 대개 개미가 모여 있거나 주변에 배설물이 있어 발견하기 쉽다. 번데기는 식초 주변의 돌 밑이나 그 사이에서 발견된다.

분　　포 / 남한 각지(제주도 제외)
출 현 기 / 4월 중순~7월(연 2회 발생)
식　　초 / 돌나물과(돌나물 · 기린초)
암수구별 / 암컷은 수컷보다 약간 큰데, 확실히 구별하려면 배 끝을 확인하는 것이 좋다.

146

부전나비과

경기도 광릉 1994.5.13. ♀

강원도 강촌 1997.4.15. ♂

부전나비과

강원도 쌍룡 1990.6.3. ♀

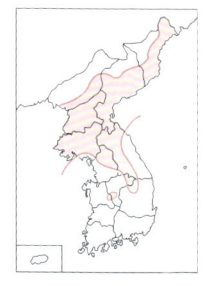

강원도 쌍룡 1993.5.23. ♀ (이영준 제공)

75. 큰홍띠점박이푸른부전나비 *Shijimiaeoides divinus* (Fixsen)

주로 낮은 산지의 초원에 살며 작은홍띠점박이푸른부전나비보다 서식지의 범위가 좁다. 지그재그로 활발하게 날며 고삼, 엉겅퀴 등의 꽃에 잘 모여 꿀을 빤다. 암컷은 천천히 날다가 식초인 고삼의 꽃봉오리에 알을 한 개씩 낳는데, 보통 푸른부전나비의 알과 섞여 있다. 아직까지 채집이 어려운 희귀종으로 알려져 있다.

- **분 포** / 경기도, 강원도, 충청도, 경상북도 일부
- **출 현 기** / 5월 중순~6월(연 1회 발생)
- **식   초** / 콩과(고삼)
- **암수구별** / 수컷은 날개 윗면의 외연에 가는 흑색 띠가 나타나고, 암컷은 그 띠의 폭이 넓고 날개 중앙에 흑색 점무늬가 여러 개 나타난다.

제주도 한라산 1997.7.25. ♂　　제주도 한라산 1997.7.25. ♂

76. 산꼬마부전나비 *Plebejus argus* (Linnaeus)

남한에서는 제주도 한라산 1400m 이상 고지의 화산암이 많은 곳에 발달한 초지에 서식한다. 맑은 날 각종 꽃에 잘 모이며 수컷은 습지에서 물을 먹는다. 보통 낮게 날아다니다가 앉을 때에 날개를 활짝 펴 일광욕을 하는 경우가 많다. 교미는 주로 흡밀식물 주변에서 이루어진다. 국내에서는 아직 이 나비의 유생기가 밝혀지지 않고 있다.

분　　포 / 제주도 한라산
출 현 기 / 7~8월 초(연 1회 발생)
암수구별 / 수컷은 날개 윗면이 청람색이나 암컷은 흑갈색이다.

부전나비과

강원도 쌍룡 1994. 8. 10. ♀

충청북도 옥천 1994. 9. 11. ♀

77. 부전나비 *Lycaeides argyrognomon* (Bergsträsser)

낮은 산지의 초지나 논둑 주변에 사는 흔한 종이다. 활발하게 날아다니면서 신나무, 메밀, 갈퀴나물 등의 꽃에서 꿀을 빤다. 수컷은 습지에 잘 모이고, 일광욕을 할 때에는 날개를 반쯤 펴고 앉는다. 암컷은 식초의 꽃봉오리, 줄기 또는 주변의 마른 풀에 알을 한 개씩 낳는다.

분　　포 / 남한 각지(제주도 제외)
출 현 기 / 5월 중순~10월(연 수회 발생)
식　　초 / 콩과(갈퀴나물)
암수구별 / 수컷은 날개 윗면이 남색이나 암컷은 흑갈색이다.

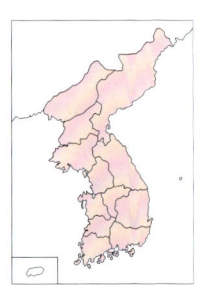

부전나비과

강원도 태백산 1995.6.28. ♂   강원도 태백산 1987.6.26. ♂

78. 산부전나비
Lycaeides subsolanus (Eversmann)

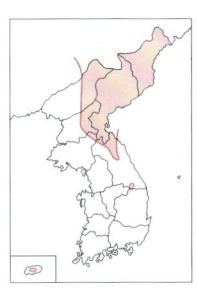

　초원이나 목장 주변에 서식하며, 최근 개체수가 격감하고 있다. 정오경에 활동이 활발한데 이 때는 대체로 천천히 날면서 각종 꽃에 앉아 꿀을 빤다. 일광욕을 할 때에는 날개를 반쯤 펴고 있는데, 이 때 날개의 청색이 뚜렷하여 매우 인상적이다. 현재까지 남한에서는 강원도 태백산이 잘 알려진 서식지이나 점차 파괴되고 있다.

분　　포 / 강원도 일부와 제주도 한라산
출 현 기 / 6월 하순~7월(연 1회 발생)
암수구별 / 수컷은 날개 윗면이 남색이나 암컷은 흑갈색이다.

부전나비과

경기도 주금산 1995. 8. 20. ♂

79. 고운점박이푸른부전나비 *Maculinea teleius* (Bergsträsser)

산야의 초지나 밭 주변에 사는데, 식초인 오이풀이 없어지면 이 나비의 서식지도 달라진다. 최근 초지의 축소 및 환경 변화로 차츰 감소하고 있다. 흐린 날에는 주로 풀잎 위에 앉아 있고, 맑은 날에는 활발하게 날아다닌다. 흡밀식물로는 오이풀, 엉겅퀴가 있으며, 암컷은 오이풀꽃에 알을 한 개씩 낳는다. 일본의 자료에 의하면, 중령 애벌레 때 큰점박이푸른부전나비처럼 개미에 의해 개미집으로 운반되어 개미 애벌레를 먹는다고 한다.

분　　포 / 경기도, 강원도, 경상도 일부
출 현 기 / 8월 초~9월(연 1회 발생)
식　　초 / 장미과(오이풀)
암수구별 / 암컷은 날개 윗면에 흑갈색 무늬가 발달한다.

부전나비과

강원도 광덕산 1997.8.1. ♂   강원도 오대산 1987.7.30. ♂

80. 큰점박이푸른부전나비 *Maculinea arionides* (Staudinger)

활엽수가 많은 해발 800m 이상의 높은 산지의 계곡과 숲 사이에 산다. 낮은 풀 위를 낮게 날아다니며 각종 꽃에서 꿀을 빠는데, 습지에는 모이지 않는다. 맑은 날에는 오전부터 활동이 활발하며 저녁 무렵에는 정상 부근으로 날아오르는 습성이 있다. 일본의 자료에 의하면 4령 애벌레 때 개미집으로 운반되어 개미의 애벌레나 번데기를 먹고 자라는데, 자기 몸 등 쪽의 꿀샘에서 나오는 꿀을 개미들에게 제공하는 공생 관계에 있다고 한다.

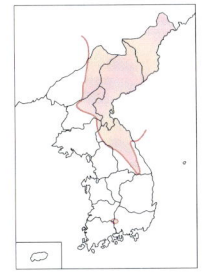

분 포 / 강원도, 지리산
출 현 기 / 7월 하순~9월(연 1회 발생)
암수구별 / 암컷은 날개 윗면에 흑갈색 무늬가 발달한다.

부전나비과

강원도 쌍룡 1994.8.12. ♂ (이영준 제공)

81. 북방점박이푸른부전나비
Maculinea kurentzovi Sibatani, Saigusa et Hirowatari

해발 300m 정도의 낮은 산지에 사는데, 이 속의 다른 종보다 국지적으로 분포하는 편이며 개체수도 적은 편이다. 맑은 날에는 대체로 오전보다 오후에 활동이 활발하고 솔체꽃, 엉겅퀴, 오이풀 등의 꽃에서 꿀을 빤다. 오전 11시경에 오이풀 주변에서 교미하는 모습이 관찰되기도 한다.

분 포 / 강원도 일부
출 현 기 / 8월 초~9월 (연 1회 발생)
식 초 / 장미과 (오이풀)
암수구별 / 암컷은 날개 윗면에 흑갈색 무늬가 발달한다.

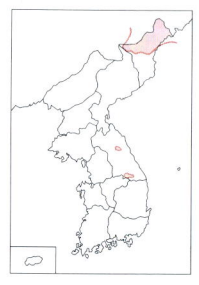

154

귤빛부전나비류의 구별점 - ❶

〈 붉은띠귤빛부전나비 〉

- 외연 중앙의 흑색 띠의 폭이 좁다
- 흑색 점이 발달한다
- 흰색 점이 나타난다
- 꼬리모양돌기가 없다
- ♀ -
- ♀ 아랫면 -

〈 금강산귤빛부전나비 〉

- 흑색 띠의 폭이 넓다
- 흰색 점의 발달이 약하다
- 꼬리모양돌기가 길다
- ♂ -
- ♂ 아랫면 -

〈 암고운부전나비 〉

- 흑색
- 적등색
- 적색 무늬가 발달한다
- ♂ -
- ♀ -
- ♂ 아랫면 -

굴빛부전나비류의 구별점 - ❷

〈 민무늬굴빛부전나비 〉

〈 굴빛부전나비 〉

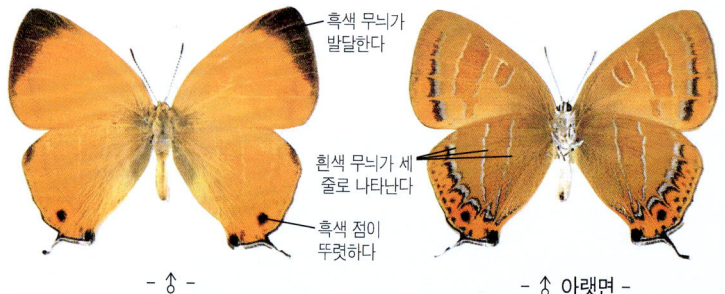

〈 시가도굴빛부전나비 〉

긴꼬리부전나비류와 깊은산부전나비의 구별점

〈 긴꼬리부전나비 〉

- ♂ -

흑색 점 무늬가 크게 발달한다

- ♂ 아랫면 -

〈 담색긴꼬리부전나비 〉

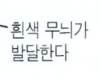

- ♂ -

흰색 무늬가 발달한다

흑색 점 무늬가 작게 나타난다

- ♂ 아랫면 -

〈 물빛긴꼬리부전나비 〉

- ♂ -

흰색 무늬가 약하게 나타난다

흑색 무늬가 굵다

- ♂ 아랫면 -

〈 깊은산부전나비 〉

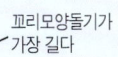

- ♂ -

꼬리모양돌기가 가장 길다

흑색 무늬가 가늘다

- ♂ 아랫면 -

부전나비과

부전나비과

녹색부전나비속의 구별점 - ❶

〈 작은녹색부전나비 〉　　　〈 암붉은점녹색부전나비 〉

- 짙은 녹색
- 밝은 황록색
- 흑색 띠의 폭이 넓다
- 흑색 띠의 폭이 가장 넓다

- ♂ -　　　- ♂ -

- 적등색 무늬가 약하게 나타난다
- 적등색 무늬가 발달한다

- ♀ -　　　- ♀ -

- 짧은 선이 나타나지 않는다
- 짧은 선이 나타난다

- ♀ 아랫면 -　　　- ♀ 아랫면 -

녹색부전나비속의 구별점 - ❷

녹색부전나비속 구별점 - ❸

녹색부전나비속 구별점 - ❹

북방쇳빛부전나비와 쇳빛부전나비의 구별점

까마귀부전나비속의 구별점

〈 까마귀부전나비 〉 〈 참까마귀부전나비 〉

- 흑색 점이 두드러진다
- 흰색 줄무늬가 직선적이다
- 흰색 줄무늬가 물결 모양이다

- ♂ - - ♂ -

〈 꼬마까마귀부전나비 〉 〈 북방까마귀부전나비 〉

- 흰색 줄무늬가 휘어진다
- 청색 무늬가 발달한다

- ♀ - - ♂ -

참까마귀부전나비의 암수 구별점

- 타원형의 성표가 있다

- ♂ - - ♀ -

남방부전나비와 극남부전나비의 구별점

암먹부전나비와 먹부전나비의 구별점

작은홍띠점박이푸른부전나비와 큰홍띠점박이푸른부전나비의 구별점

부전나비 · 산부전나비 · 산꼬마부전나비의 구별점

푸른부전나비속의 구별점 - ❶

고운점박이푸른부전나비 · 큰점박이푸른부전나비 · 북방점박이푸른부전나비의 구별점

〈 고운점박이푸른부전나비 〉

흑색 띠의 폭이 일정하다

어두운 회색

〈 큰점박이푸른부전나비 〉

흑색 띠의 폭이 일정하다

흑색 점이 발달한다

청색이 감돈다

〈 북방점박이푸른부전나비 〉

전체적으로 어둡다

흑색 점이 기부 쪽으로 치우친다

어두운 회색

네발나비과
Nymphalidae

네발나비과
Nymphalidae

크기는 중형에서 대형이다. 앞다리가 퇴화하여 걸을 때 전혀 사용하지 않는 종류로 기존의 뿔나비과, 왕나비과, 뱀눈나비과를 한 데로 묶는 중요한 실마리가 된다. 전세계적으로 약 6000종 이상이 알려져 있다. 우리 나라에는 4아과가 분포한다.

세계적으로 Brassolinae, Amathusiinae, Satyrinae, Charaxinae, Morphinae, Calinaginae, Nymphalinae, Heliconiinae, Acraeinae, Danainae, Ithomiinae, Tellervinae, Lybytheinae의 13아과가 알려져 있는데 다음은 우리 나라에 분포하는 아과이다.

Satyrinae(뱀눈나비아과) 날개색이 어둡고 날개에 눈알 모양의 무늬가 나타난다. 우리 나라에는 36종이 서식한다.

Nymphalinae(네발나비아과) 원래의 네발나비과를 구성하는 종류로 우리 나라에 74종이 알려져 있다.

Danainae(왕나비아과) 대형으로 우리 나라에는 왕나비만 토착한다.

Lybytheinae(뿔나비아과) 아랫입술수염이 머리 앞으로 뿔 모양으로 나온 종류로 우리 나라에 뿔나비 1종이 알려져 있다.

은점표범나비

청띠신선나비의 알

먹그늘나비의 애벌레

작은은점선표범나비의 애벌레

월동 중인 은판나비의 애벌레

별박이세줄나비의 번데기

알 거의 공 모양으로 표면에는 위에서 아래로 융기되어 있는 종조(縱條)가 여러 개 나타난다. 암컷은 잎 앞·뒷면, 새싹, 가지 등에 보통 한 개씩 낳는데 60~150개를 한꺼번에 낳는 경우도 있다.

애벌레 형태는 몸에 돌기나 털이 많은 것에서부터 민달팽이처럼 아무 돌기가 없는 것 등 매우 다양하다. 머리에 한 쌍의 뿔 모양 돌기가 있는 종류도 있다. 잎 앞·뒷면 등 다양한 곳에서 지낸다.

번데기 대부분 수용으로 몸에 여러 가지 돌기가 나 있다. 특히 표범나비류에서는 금속 광택이 나는 돌기를 지닌다. 번데기는 식수나 그 주변의 잎, 가지 또는 바위, 담벽 등에서 볼 수 있다.

밤오색나비의 번데기

네발나비과

경기도 주금산 1994.6.5. ♂

82. 뿔나비 *Libythea celtis* (Laicharting)

주로 활엽수가 많은 계곡에 살며, 길가 습지에서 떼지어 물을 먹는데 이 때 사람이 다가가면 일제히 날아오르는 모습이 장관을 이룬다. 여름에는 썩은 과일이나 동물 사체에 잘 모이며, 한창 무더운 7~8월경에는 하면을 하고 월동 전후에 꽃에서 꿀을 빤다. 이듬해 봄에 암컷은 식수의 가지나 어린잎에 알을 한 개씩 낳으며, 한꺼번에 부화된 애벌레는 한 나무에 수십에서 수백 마리나 되어 잎을 다 먹어 버리기도 한다. 월동은 어른벌레의 상태로 바위나 낙엽에 붙어서 한다.

분　　포 / 남한 각지
출 현 기 / 6~10월, 월동 후 3~5월(연 1회 발생)
식　　수 / 느릅나무과(팽나무·풍게나무)
암수구별 / 수컷은 암컷에 비해 날개 윗면에 주황색 무늬가 덜 발달하고 앞다리에 긴 털이 나 있다.

경기도 보광사 1987.6.13. ♂

네발나비과

네발나비과

제주도 한라산 2001. 7. 28. ♂

83. 왕나비 *Parantica sita* (Kollar)

숲 가장자리를 유유히 날아다니거나 산꼭대기에서 배회하기도 하는데 대체로 흰색이나 자홍색 꽃에 잘 모이며, 놀라면 하늘 높이 날아오르는 습성이 있다. 제주도에 토착하고 있으며, 제1화 개체들이 중부 지방이나 태백산맥으로 이동한다. 보통 8월에 태백산맥의 해발 1000m 정도의 산꼭대기에 가면 쉽게 볼 수 있다. 그러나 이 곳에서는 월동하지 못하는 것으로 추정된다.

분　　포 / 제주도
출 현 기 / 5~9월(연 2~3회 발생)
식　　초 / 박주가리과(박주가리)
암수구별 / 수컷은 뒷날개 후각 부근에 흑색의 성표가 있다.

네발나비과

강원도 계방산 1991.9.1. ♂

네발나비과

강원도 강촌 1991. 5. 23. ♂

84. 봄어리표범나비 *Mellicta britomartis* (Assmann)

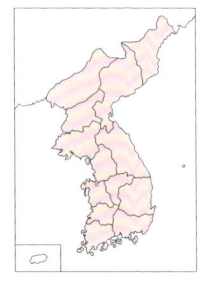

한때 여름어리표범나비와 같은 종으로 취급하여 왔으나, 분포 범위와 출현 시기 등에서 다소 차이가 나기 때문에 최근에 다른 종으로 분류하고 있다. 주로 산지의 풀밭에 살며 엉겅퀴, 큰까치수영 등의 꽃에 잘 모여 꿀을 빤다. 수컷은 활발하게 낮은 풀 사이를 날아다니는 반면, 암컷은 조금 둔하게 날며 대부분 풀잎 위에서 쉰다. 월동은 애벌레로 한다.

분　　포 / 남한 각지(도서 지방 제외)
출 현 기 / 5~6월 초(연 1회 발생)
식　　초 / 질경이과(질경이)
암수구별 / 암컷은 수컷에 비해 크고 날개색이 약간 어둡다.

강원도 광덕산 1990.6.17. 우

네발나비과

네발나비과

경기도 소요산 1994.6.12. ♂

85. 여름어리표범나비 *Mellicta ambigua* (Ménétriès)

주로 높은 산지의 초원 지대에 산다. 봄어리표범나비에 비해 크고 발생 시기도 한 달 가량 늦어 그동안 봄어리표범나비의 여름형으로 취급하여 왔었다. 개망초, 엉겅퀴 등의 꽃에서 꿀을 빠는데, 이 때 날개를 폈다접었다 하면서 꽃과 꽃 사이를 자주 옮겨 다닌다. 이따금 수컷은 습지에 모이기도 하며, 월동은 애벌레로 하는 것으로 추정된다.

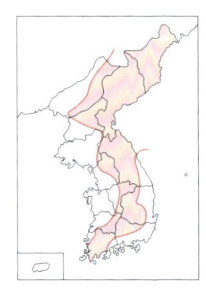

분　　포 / 남한 각지(도서 지방 제외)
출 현 기 / 6~7월(연 1회 발생)
암수구별 / 암컷은 수컷보다 크고 날개 외연이 둥글어 보인다.

네발나비과

경기도 소요산 1994.6.12. ♀

네발나비과

강원도 광덕산 1992.7.19. ♂

86. 담색어리표범나비 *Melitaea protomedia* Ménétriès

지금까지 종명 *diamina* (Lang) 또는 *regama* Fruhstorfer이 적용되어 왔다. 주로 높은 산지의 초지에 살며, 낮게 이리저리 활발하게 날아다니나 서식지에서 멀리 벗어나지 않는다. 큰까치수영, 엉겅퀴 등의 꽃에 모여 꿀을 빨고, 간혹 수컷은 습지에 모이는 경우가 있으나 암컷은 천천히 날아다니다가 대부분 잎 위에 앉아 쉰다. 농약의 무분별한 사용이나 식물의 천이에 의해 초지가 좁아져 개체수가 줄어드는 경향이다.

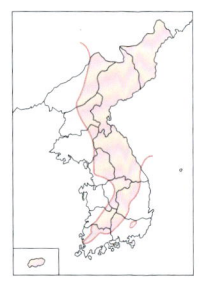

분　　포 / 남한 각지
출 현 기 / 6~7월(연 1회 발생)
암수구별 / 암컷은 수컷보다 크고 날개 외연이 둥글어 보인다.

네발나비과

강원도 영월 1995.6.21. ♂

네발나비과

강원도 영월 1996.6.10. ♂

87. 암어리표범나비 *Melitaea scotosia* Butler

관목이 드문드문 있는 낮은 산지의 풀밭에 사는데, 최근 개체수가 줄어들고 있다. 보통 낮게 날아다니다가 엉겅퀴, 조뱅이, 큰까치수영 등의 꽃에서 꿀을 빨고 맑은 날 오후에는 습지에서 물을 먹기도 한다. 암컷은 식초 잎 뒷면에 100여 개의 알을 한꺼번에 낳으며, 부화한 애벌레는 자신이 토해 낸 실로 잎을 조밀하게 엮어 그 속에서 지낸다. 월동은 애벌레로 한다.

분　　포 / 남한 각지(도서 지방 제외)
출 현 기 / 6~7월(연 1회 발생)
식　　초 / 국화과(산비장이 · 수리취)
암수구별 / 암컷은 날개의 외연이 둥글어 보이며 날개색이 검다.

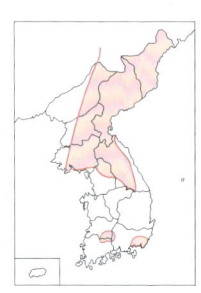

네발나비과

강원도 영월 1995.6.21. ♂

강원도 쌍룡 1991.6.23. ♀

183

네발나비과

강원도 쌍룡 1993.5.23. ♂

88. 금빛어리표범나비 *Eurodryas aurinia* (Rottemburg)

계곡 주변이나 관목림 안의 초지에 산다. 그 동안 채집하기 어려운 나비로 알려져 왔으나, 근래 강원도 쌍룡의 다산지가 발견되었다. 서식지 주변의 엉겅퀴, 토끼풀, 덤불조팝나무 등의 꽃에서 꿀을 빠는데, 물가에 모이는 습성은 발견되지 않았다. 암컷은 식초 잎 뒷면에 150~200여 개의 알을 한꺼번에 낳는다. 애벌레는 거미줄 같은 실을 토해 내어 잎을 엮은 다음 그 속에서 생활한다. 월동은 애벌레로 집단으로 하고, 이듬해 4월 말경 번데기가 된다.

분　포 / 경기도, 강원도, 경상북도 일부
출현기 / 5월 중순~6월 중순(연 1회 발생)
식　초 / 산토끼꽃과(솔체꽃), 인동과(인동)
암수구별 / 암컷은 날개의 외연이 둥글어 보인다.

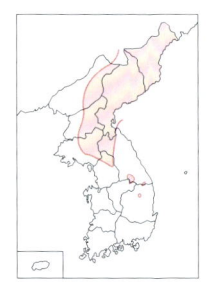

네발나비과

강원도 쌍룡 1991. 5. 2. ♂

강원도 쌍룡 1993. 5. 23. 교미

네발나비과

경기도 주금산 1993.6.19. ♀

경기도 광릉 1996.5.12. ♂

89. 작은은점선표범나비
Clossiana perryi (Butler)

낮은 산지나 하천변의 풀밭에 사는 흔한 나비로 봄부터 가을까지 발생지 주변의 여러 꽃에 모여 꿀을 빤다. 대체로 봄보다 여름에서 가을에 걸쳐 개체수가 많아지는 경향이다. 암컷은 식초 주변의 마른 풀줄기 등에 알을 한 개씩 낳고, 부화한 애벌레는 한 마리씩 독립 생활을 하다가 바위 틈이나 담벼락에서 번데기가 된다. 월동은 번데기로 한다.

- **분　　포** / 남한 각지(도서 지방 제외)
- **출 현 기** / 3월 말~10월 초(연 3회 발생)
- **식　　초** / 제비꽃과(졸방제비꽃)
- **암수구별** / 암컷은 수컷보다 크고 날개 외연이 둥글어 보인다.

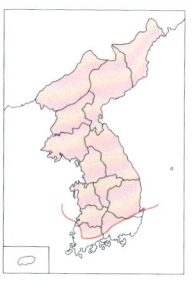

186

네발나비과

강원도 광덕산 1991.6.11. ♂

90. 큰은점선표범나비
Clossiana oscarus (Eversmann)

해발 600m 이상 산지의 풀밭에 살며, 오전 중에는 풀잎 위나 산길에 앉아 일광욕을 한다. 오전 10시 이후 기온이 올라가면 활발하게 날아다니는데, 수컷은 계속 같은 장소를 왔다갔다하는 습성이 있으며 물가에서 물을 먹는다. 암수 모두 민들레, 미나리아재비 등의 꽃에 잘 모여 꿀을 빤다.

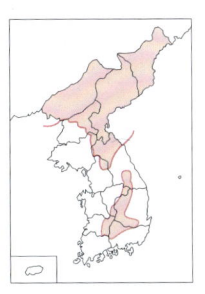

강원도 화천 1996.6.9. ♀

분 포 / 경기도, 강원도, 경상도, 전라북도 일부
출 현 기 / 5월 말~6월(연 1회 발생)
암수구별 / 암컷은 수컷보다 크고 날개 외연이 둥글어 보인다.

네발나비과

강원도 오대산 1994.6.6. ♀

91. 산꼬마표범나비 *Clossiana thore* (Hübner)

남한에서는 주로 태백산맥의 높은 산지에 살며, 서식지 주변 엉겅퀴 등의 꽃에서 꿀을 빤다. 앉아 있을 때에는 예민하여 접근하기가 어렵다. 오전 중에는 양지바른 풀잎 위에서 날개를 편 상태로 일광욕을 하는 모습도 관찰된다. 암컷은 식초 주변의 마른 풀에 알을 한 개씩 낳는다.

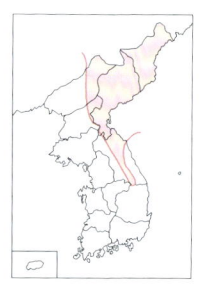

- **분　포** / 강원도 태백산맥 일대
- **출현기** / 5월 말~6월(연 1회 발생)
- **식　초** / 제비꽃과(졸방제비꽃)
- **암수구별** / 암컷은 수컷보다 크고 날개색이 다소 옅다.

네발나비과

강원도 오대산 1994. 6. 6. 표미 거부

네발나비과

강원도 쌍룡 1997.6.11. ♂

92. 큰표범나비
Brenthis daphne (Denis et Schiffermüller)

작은표범나비에 비해 낮은 산지의 초지에 살며 분포 범위는 더 넓다. 두 종이 같은 곳에 서식하는 경우가 많으며, 날 때에는 이 종이 작은표범나비에 비해 다소 힘차 보인다. 낮은 풀 위를 낮게 날아다니면서 엉겅퀴, 조뱅이 등의 꽃에서 꿀을 빤다. 오전 중 수컷은 도로의 습한 곳에 잘 모인다.

분　　포 / 남한 각지(도서 지방 제외)
출 현 기 / 6월 중순~7월(연 1회 발생)
암수구별 / 암컷은 수컷에 비해 크고 날개 윗면의 바탕색이 다소 옅다.

강원도 영월 1995.6.21. ♂

네발나비과

강원도 태백산 1995.6.28. ♂

93. 작은표범나비 *Brenthis ino* (Rottemburg)

큰표범나비와 형태상 매우 유사하여 서로 혼동되어 온 나비로 분포 범위를 다시 조사해야 할 필요가 있다. 대체로 큰표범나비보다 높은 산지에 살며, 계곡 주변의 풀밭이나 목장 주위에서 볼 수 있다. 오전 중에는 잎 위에 앉아 일광욕을 하고, 하루 종일 꽃과 꽃 사이를 쉴새없이 날아다닌다. 흡밀식물로는 엉겅퀴, 쥐똥나무 등이 있다.

분　　포 / 경기도, 강원도, 충청북도와 경상북도 일부
출 현 기 / 6월~8월 초순(연 1회 발생)
암수구별 / 암컷은 수컷에 비해 크고 날개의 외연이 둥글다.

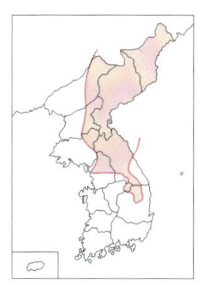

네발나비과

충청남도 금강 유원지 1992.9.20. ♀

94. 흰줄표범나비 *Argyronome laodice* (Pallas)

전국 어디든 나무가 별로 없는 풀밭이나 하천변, 산꼭대기의 초지에 사는 흔한 나비이다. 엉겅퀴, 개망초, 큰까치수영 등의 꽃에 모여 꿀을 빨고, 습지나 짐승의 배설물, 새똥에도 잘 모인다. 한여름에는 하면을 하고 8월 중순부터 10월까지 다시 활동하게 되는데, 이 때 암컷은 식초 주변의 그늘진 마른 풀 위에 알을 한 개씩 낳는다.

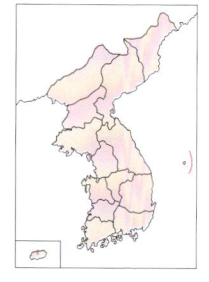

분　　포 / 남한 각지
출 현 기 / 6월 중순~10월(연 1회 발생)
식　　초 / 제비꽃류
암수구별 / 수컷은 앞날개 윗면의 제 1b, 2맥 위에 굵은 흑색 줄무늬의 성표가 있으며, 암컷은 앞날개 윗면의 날개끝에 삼각형의 흰색 무늬가 나타난다.

네발나비과

강원도 태백산 1994.6. ♀

경기도 주금산 1995.7.1. 교미

네발나비과

경기도 화아산 1996.7.1. ♂

95. 큰흰줄표범나비 *Argyronome ruslana* (Motschulsky)

대체로 흰줄표범나비보다 발생 시기가 늦고 산지성을 보이나, 같은 장소에 두 종이 섞여 사는 경우가 많다. 개체수는 흰줄표범나비에 비해 훨씬 적은 편이다. 하면과 산란하는 습성은 흰줄표범나비와 유사하며, 활동기에는 서식지에서 멀리 벗어나는 경우도 있다. 월동은 애벌레로 하는 것으로 추정된다.

분　　포 / 남한 각지(제주도 제외)
출 현 기 / 6월 중순~9월(연 1회 발생)
식　　초 / 제비꽃류
암수구별 / 수컷은 앞날개 윗면 제 1b, 2, 3맥 위에 굵은 흑색 줄무늬의 성표가 세 개 있으며, 암컷은 앞날개 윗면의 날개끝에 삼각형의 흰색 무늬가 나타난다.

네발나비과

강원도 광덕산 1991.7.30. 교미(이영준 제공)

경기도 천마산 1996.7.1. ♂

네발나비과

경기도 앵무봉 1996. 7. 3. ♂

96. **구름표범나비** *Nephargynnis anadyomene* (C. et R. Felder)

주로 산지의 초지에 살며 대형 표범나비류 중에서 가장 이른 시기에 출현한다. 수컷은 오전 중 기온이 높아지면 습지에 잘 모이며 엉겅퀴, 개망초 등의 꽃에서 꿀을 빤다. 사람이 다가가면 민첩하게 날아가는데, 산지의 소로 위에서 일정한 장소를 맴돈다. 한여름에는 하면하고 8월에 다시 활동하는데, 암컷은 이 때 알을 한 개씩 식초나 식초 주변에 낳는다.

분　　포 / 남한 각지(도서 지방 제외)
출 현 기 / 5월 하순~9월(연 1회 발생)
식　　초 / 제비꽃류
암수구별 / 수컷은 앞날개 윗면 제 2맥에 성표가 있다.

강원도 계방산 1992.6.21. ♂ (이영준 제공)

네발나비과

네발나비과

경기도 앵무봉 1987.6.13. ♂

97. 암검은표범나비 *Damora sagana* (Doubleday)

평지나 낮은 산지에 사는데, 비교적 남부 지방이나 도서 지방에 개체수가 많다. 수컷은 빠르게 날아다니면서 개망초, 산초나무, 엉겅퀴 등의 꽃에서 꿀을 빨고 습지에서 물을 먹는다. 암컷은 날개색이 흑갈색인데 이것은 의태 현상으로 그 확실한 이유는 알려지지 않고 있다. 9월경 하면을 마친 암컷은 메밀꽃에서 꿀을 빠는 경우가 많고 식초 주변의 소나무, 상수리나무의 줄기에 알을 한 개씩 낳는다.

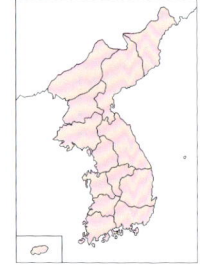

분　　포 / 남한 각지
출 현 기 / 6월 중순~9월(연 1회 발생)
식　　초 / 제비꽃류
암수구별 / 암컷은 날개 윗면의 바탕색이 푸른빛이 도는 흑갈색이다.

네발나비과

강원도 광덕산 1993. 8. 29. ♀

인천 영종도 1996. 9. 21. ♀

네발나비과

제주도 외돌개 2001.11.4. ♂

98. 암끝검은표범나비
Argyreus hyperbius (Linnaeus)

제주도와 그 인근 섬의 초지에 사는 것으로 보인다. 늦여름에서 가을에 걸쳐 중부 지방에서도 많이 볼 수 있는데, 이듬해 봄에 채집되지 않는 것으로 보아 이 곳에서는 월동을 못하는 것으로 추측된다. 수컷은 가끔 산꼭대기에서 점유행동을 하며 엉겅퀴, 큰까치수영 등의 꽃에서 꿀을 빤다. 암컷은 날개를 접은 상태로 식초 주변의 풀에 알을 한 개씩 낳는다.

분　포 / 36° 이남 지역(울릉도 포함)
출 현 기 / 2~11월(연 3~4회 발생)
식　초 / 제비꽃류
암수구별 / 암컷의 날개 윗면은 날개 끝 쪽으로 어두운 자갈색을 띤다.

네발나비과

제주도 안덕계곡 1990.8.2. ♂

제주도 안덕계곡 1991.5.18. ♀

네발나비과

경기도 죽엽산 1993.7.14. ♂

99. 은줄표범나비 *Argynnis paphia* (Linnaeus)

산지의 숲길 주변에 사는 흔한 나비이다. 엉겅퀴나 큰까치수영의 꽃을 즐겨 찾아 꿀을 빨며, 오전 중에는 잎이나 땅 위에서 일광욕을 한다. 간혹 암컷에서 날개 윗면의 색이 검어진 것도 있다. 다른 표범나비류와 같이 7월 말~8월 중순에는 하면을 하고 가을에 다시 활동한다. 암컷은 그늘진 수림 속에서 큰 나무 줄기에 알을 한 개씩 낳으며, 애벌레로 월동한다. 번데기가 되는 장소는 50cm 이하의 낮은 위치의 풀이나 나뭇잎의 뒷면이며 수용의 상태로 매달린다.

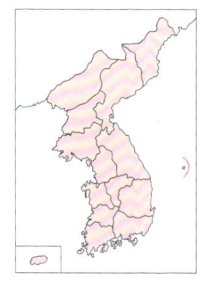

- **분　　포** / 남한 각지
- **출 현 기** / 6~9월(연 1회 발생)
- **식　　초** / 제비꽃과(흰털제비꽃 · 서울제비꽃 · 털제비꽃)
- **암수구별** / 수컷은 앞날개 윗면 제 1b~4맥 위에 네 개의 흑색 줄무늬의 성표가 있다.

네발나비과

경기도 주금산 1993. 7. 14. ♀

경기도 천마산 1996. 7. 1. ♀

네발나비과

강원도 광덕산 1996. 7. 21. ♂

100. 산은줄표범나비 *Childrena zenobia* (Leech)

해발 700m 이상의 산지에 살며, 다른 표범나비류보다 크고 힘차게 난다. 수컷은 습한 곳에 잘 모이며, 오후에는 암수 모두 엉겅퀴, 큰까치수영, 참싸리 등의 꽃에서 꿀을 빤다. 암컷은 주로 탁 트인 초지보다 수림 내의 환한 곳을 좋아하고, 맑은 날에는 오전 일찍과 오후 늦게 날아다니며, 흐린 날에는 하루 종일 활동한다. 월동은 애벌레로 한다.

분　　포 / 경기도, 강원도, 충청북도 일부
출 현 기 / 6월 말~8월(연 1회 발생)
식　　초 / 제비꽃류
암수구별 / 수컷은 앞날개 윗면의 제 1b, 2, 3맥에 흑색 줄무늬의 성표가 있고, 암컷의 날개 윗면은 암녹색이 나타난다.

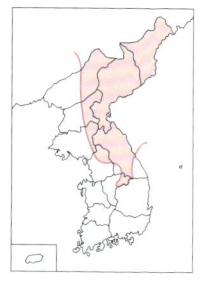

네발나비과

강원도 광덕산 1991.7.31. ♀

강원도 영월 1995.8. ♀

네발나비과

강원도 영월 1996.6.10. ♂

101. 긴은점표범나비 *Fabriciana adippe* (Linnaeus)

지금까지 종명 적용에 혼란이 많았다. 나무가 없는 평지의 풀밭에서 높은 산지의 초지까지 넓게 분포한다. 다른 표범나비류와 같이 활발하게 날며 엉겅퀴, 큰까치수영, 개망초 등의 꽃에서 꿀을 빤다. 간혹 습지에 모이기도 하나 그 성질은 약하다. 경기도의 낮은 지대에서는 한여름에 하면하고 9~10월에 다시 보이는데, 암컷은 이 때 산란한다. 그러나 강원도의 높은 산지에서는 7~9월에 하면 없이 활동한다.

분 포 / 남한 각지
출 현 기 / 6~10월(연 1회 발생)
식   초 / 제비꽃과(털제비꽃)
암수구별 / 수컷은 앞날개 윗면의 제 2,3맥에 성표가 있다.

네발나비과

경기도 정개산 1997.6.22. ♂

네발나비과

강원도 영월 1996. 6. 10. ♂ 　　　　　　강원도 영월 1996. 6. 10. ♂

102. 은점표범나비 *Fabriciana niobe* (Linnaeus)

지금까지 이 나비의 종명을 *adippe* (Linnaeus)로 취급하여 왔다. 긴은점표범나비처럼 양지바른 풀밭에 많으며 엉겅퀴, 개망초, 마타리, 개쉬땅나무, 큰수리취 등의 꽃을 찾아 꿀을 빤다. 대체로 습성은 다른 표범나비류와 유사하다. 암컷은 식초인 제비꽃이나 그 주변의 마른 가지, 풀 등에 알을 한 개씩 낳으며, 1령 애벌레로 월동한다.

분　　포 / 남한 각지
출 현 기 / 5월 하순~9월(연 1회 발생)
식　　초 / 제비꽃류
암수구별 / 수컷은 앞날개 윗면의 제 2, 3맥에 흑색 줄무늬의 성표가 있다.

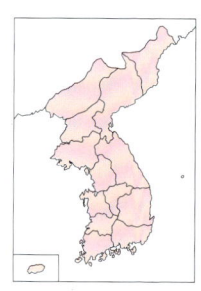

208

네발나비과

강원도 광덕산 1996.7.21. ♀

103. 왕은점표범나비 *Fabriciana nerippe* (C. et R. Felder)

양지바른 풀밭이나 숲 가장자리의 개간된 밭 등지에서 볼 수 있으며 엉겅퀴, 개망초, 코스모스 등의 꽃에서 꿀을 빤다. 매우 힘차게 날고, 다른 표범나비류에 비해 인기척에 민감하나 가을에는 행동이 다소 느려진다. 산지의 풀밭에 가면 쉽게 볼 수 있으나 개체수는 다른 표범나비류보다 적은 편이다. 하면을 하며 가을에 다시 활동한다.

분 포 / 남한 각지
출 현 기 / 6~9월(연 1회 발생)
식 초 / 제비꽃류
암수구별 / 수컷은 앞날개 윗면의 제 2, 3맥에 흑색 줄무늬의 성표가 있다.

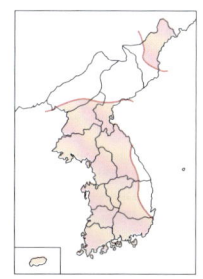

네발나비과

강원도 쌍룡 1997.6.11. ♂

104. 풀표범나비 *Speyeria aglaja* (Linnaeus)

훤히 트인 풀밭이나 계곡 가장자리에 살며 흔하지 않은 나비이다. 오전에는 습한 곳이나 새똥에 잘 모이며 대체로 활발하게 날아다닌다. 수컷은 오후에 낮은 구릉지 정상에 모이는 습성이 있으며 서식지 주변의 엉겅퀴, 큰까치수영, 조뱅이, 개쉬땅나무 등의 꽃에서 꿀을 빤다. 다른 표범나비류와 달리 하면하지 않으며 가을에도 잘 보이지 않는다.

- **분 포** / 지리산 이북
- **출 현 기** / 6~9월(연 1회 발생)
- **식 초** / 제비꽃류
- **암수구별** / 수컷은 앞날개 윗면의 제 1b, 2, 3맥에 흑색 줄무늬의 성표가 있다.

네발나비과

강원도 쌍룡 1997.6.11. ♂

강원도 쌍룡 1997.6.11. ♂

네발나비과

강원도 계방산 1992. 7. 8. ♂

105. 줄나비 *Limenitis camilla* (Linnaeus)

주로 잡목림과 논밭의 가장자리에 살며, 때로는 높은 산지에까지 넓게 분포한다. 빠르고 활발하게 나무 사이를 날며 습지에서 물을 먹는다. 각종 꽃에 모여 꿀을 빠는데 간혹 새똥이나 짐승의 배설물에도 잘 모인다. 암컷은 날개를 반쯤 편 상태로 식수의 잎 앞면 끝부분에 알을 한 개씩 낳는다. 월동은 3령 애벌레로 한다.

분　　포 / 남한 각지
출 현 기 / 5~6월, 7월~8월 초, 9월(연 2~3회 발생)
식　　수 / 인동과(올괴불나무 · 각시괴불나무)
암수구별 / 암컷은 날개 외연이 둥글어 보이는데, 더 확실히 구별하려면 배 끝을 확인하는 것이 좋다.

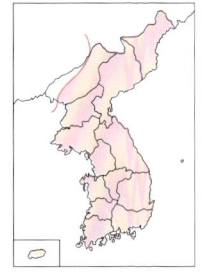

네발나비과

강원도 계방산 1993.6.23. ♂

네발나비과

경기도 명지산 1991.6.2. ♂

106. 제이줄나비 *Limenitis doerriesi* Staudinger

제일줄나비에 비해 분포 범위가 다소 좁다. 계곡이나 소로에서 천천히 날아다니며 산초나무, 조팝나무의 꽃이나 습지, 짐승의 배설물에도 잘 모인다. 일광욕을 할 때에는 날개를 펴고 앉으나, 습지나 꽃에 앉을 때에는 날개를 폈다접었다 한다. 암컷은 오후에 식수의 잎 뒷면에 알을 한 개씩 낳는다. 월동은 애벌레로 한다.

분　　포 / 남한 각지(도서 지방 제외)
출 현 기 / 5월 하순~9월(연 2~3회 발생)
식　　수 / 인동과(괴불나무 · 올괴불나무), 마편초과(작살나무)
암수구별 / 암컷은 날개 외연이 둥글어 보이는데, 더 확실히 구별하려면 배 끝을 확인하는 것이 좋다.

네발나비과

경기도 명지산 1991.6.2. ♂

경기도 명지산 1991.6.2. 교미

네발나비과

경기도 정개산 1998.6.6. ♀

107. 제일줄나비 *Limenitis helmanni* Lederer

산지의 계곡, 물가, 숲길의 가장자리에 사는 아주 흔한 나비인데, 유사종인 제이줄나비와 제삼줄나비와의 구별이 대단히 어렵다. 수컷은 계곡의 습한 곳에 잘 모이며, 산초나무꽃이나 짐승의 배설물에도 잘 모인다. 암컷은 오후에 식수의 잎 뒷면에 알을 한 개씩 낳는다. 월동은 애벌레로 한다.

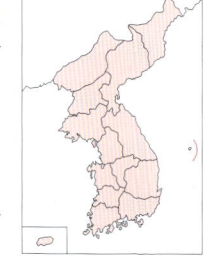

- **분　　포** / 남한 각지
- **출 현 기** / 5월 하순~9월(연 2~3회 발생)
- **식　　수** / 인동과(올괴불나무·인동구슬댕댕이·각시괴불나무)
- **암수구별** / 암컷은 날개 외연이 둥글어 보이는데, 더 확실히 구별하려면 배 끝을 확인하는 것이 좋다.

네발나비과

경기도 대성리 1991.7.28. ♂ (이영준 제공)

강원도 쌍룡 1997.6.18. ♀

네발나비과

강원도 계방산 1996.6.23. ♂

108. 제삼줄나비 *Limenitis homeyeri* Tancré

주로 강원도 태백산맥에 분포하며 주서식지는 계곡과 접해 있는 길가이다. 수컷은 계곡의 습한 장소에서 채집할 수 있으나, 암컷의 채집은 대단히 어렵다. 앞의 두 종에 비해 개체수가 적다. 이 나비의 식수나 유생기는 아직 확인되지 않았다.

분　　포 / 강원도 산지
출 현 기 / 6월 하순~8월 초(연 1회 발생)
암수구별 / 암컷은 날개 외연이 둥글어 보이는데, 더 확실히 구별하려면 배 끝을 확인하는 것이 좋다.

네발나비과

강원도 계방산 1991.6.30. ♂

강원도 광덕산 1992.7.19. ♀

네발나비과

강원도 쌍룡 1990. 8. 15. ♂

109. 굵은줄나비 *Limenitis sydyi* Lederer

조팝나무가 자생하는 숲 가장자리, 논둑, 마을 근처에 살며 다른 소형 줄나비류와 달리 나는 힘이 강하다. 수컷은 물가에 잘 모이고 싸리나무, 조팝나무 등의 꽃에서 꿀을 빨며, 오후에는 산꼭대기에서 점유행동을 한다. 암컷은 식수의 새 잎 뒷면에 알을 한 개씩 낳는다. 월동은 애벌레로 한다.

분　　포 / 남한 각지(도서 지방 제외)
출 현 기 / 6~8월(연 1~2회 발생)
식　　수 / 장미과(조팝나무 · 꼬리조팝나무)
암수구별 / 암컷은 수컷에 비해 날개 윗면 중앙의 흰색 띠가 넓고 날개 외연이 둥글어 보인다.

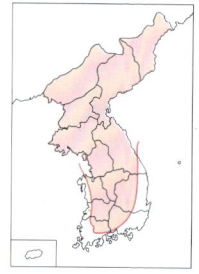

220

경기도 청계산 1994.6.22. ♀(박경태 제공)

강원도 쌍룡 1997.6.11. ♂

네발나비과

네발나비과

강원도 계방산 1993.6.23. ♂

110. 참줄나비사촌 *Limenitis amphyssa* Ménétriès

   강원도 산지의 계곡에 산다. 수컷은 맑은 날 오후에 나뭇잎 위에서 점유행동을 하고 습지나 개울가 바위, 새똥에 잘 모이나 꽃에 모이는 것은 아직 관찰된 바 없다. 암컷은 산돌배나무의 썩은 열매에서 즙을 빨기도 하며, 주로 오후에 식수의 잎 뒷면에 알을 한 개씩 낳는다. 월동은 애벌레로 한다.

분　　포 / 강원도 태백산맥
출 현 기 / 6월 말~8월 초(연 1회 발생)
식　　수 / 인동과(구슬댕댕이 · 각시괴불나무 · 올괴불나무)
암수구별 / 암컷은 날개 외연이 둥글어 보이는데, 더 확실히 구별하려면 배 끝을 확인하는 것이 좋다.

네발나비과

강원도 계방산 1993.6.24. ♀

강원도 오대산 1993.7.4. ♂

네발나비과

강원도 광덕산 1996. 7. 10. ♂

111. 참줄나비
Limenitis moltrechti Kardakoff

경기도 북부, 강원도 산지의 계곡을 낀 소로에 산다. 수컷은 나뭇잎 위에서 점유행동을 강하게 하며 습지나 짐승의 배설물, 새똥에도 잘 모인다. 암컷은 식수인 올괴불나무 근처에서 천천히 날기 때문에 비교적 채집하기 쉽다. 월동은 애벌레로 한다.

분　　포 / 경기도, 강원도, 충청도 일부
출 현 기 / 6월~8월 초(연 1회 발생)
식　　수 / 인동과(올괴불나무)
암수구별 / 암컷은 날개 외연이 둥글어 보이는데, 더 확실히 구별하려면 배 끝을 확인하는 것이 좋다.

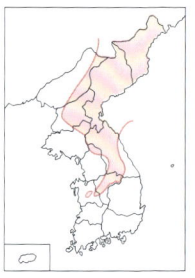

네발나비과

강원도 계방산 1991.6.10. ♂

강원도 해산 1996.7.5. ♀

네발나비과

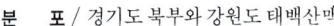
강원도 계방산 1993. 6. 23. ♂

112. 왕줄나비
Limenitis populi (Linnaeus)

높은 산지의 계곡이나 숲 가장자리에 살며, 수컷은 물가에 잘 내려앉는다. 간혹 새똥이나 짐승의 배설물에도 모이나 꽃에 오는 것은 확인하지 못했다. 계곡을 활강하듯 힘차게 날며 앉아 있을 때에는 인기척에 대단히 민감하다. 암컷은 주로 식수에 앉아 있거나 그 근처에서 배회한다. 월동은 애벌레로 한다.

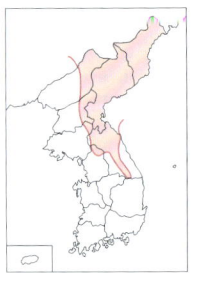

- **분 포** / 경기도 북부와 강원도 태백산맥
- **출현기** / 6~7월(연 1회 발생)
- **식 수** / 버드나무과(황철나무)
- **암수구별** / 암컷은 수컷보다 크고 날개의 흰색 띠의 폭이 넓다.

네발나비과

강원도 계방산 1992.7.1. ♂ (이영준 제공)

강원도 계방산 1993.6.21. ♂ (박경태 제공)

네발나비과

강원도 오대산 2004.7.22. ♂

113. 홍줄나비
Limenitis pratti Leech

    남한에서는 채집이 대단히 어려운 희귀종으로 현재 설악산과 오대산에서만 채집되고 있다. 이 지역의 삼림이 잘 보호되면 이 나비가 계속 존속되리라 본다. 수컷은 오전에 습지에 내려앉아 물을 빨고, 오후가 되면 주변의 나무 위로 올라가 점유행동을 한다. 암컷은 활동을 거의 하지 않는 것으로 보인다.

분   포 / 강원도 설악산, 오대산
출 현 기 / 7월~8월 초(연 1회 발생)
식   수 / 소나무과(잣나무)
암수구별 / 암컷은 수컷보다 날개 윗면 중앙의 흰색 띠의 폭이 넓다.

네발나비과

경기도 주금산 1993. 6. 19. ♂

경기도 주금산 1994. 6. 5. ♂

114. 왕세줄나비
Neptis alwina (Bremer et Grey)

산지의 마을 주변이나 과수원의 복숭아나무가 있는 주변에 살며 힘차게 활강하듯이 날아다닌다. 물가에 잘 모이며 산초나무, 쥐똥나무 등의 꽃에서 꿀을 빤다. 월동은 애벌레로 하는데 식수의 겨울눈이나 가지 사이에서 지낸다.

분　　포 / 남한 각지(제주도 제외)
출 현 기 / 6월 중순~8월(연 1회 발생)
식　　수 / 장미과(복숭아나무 · 자두나무 · 산벚나무 · 매실나무)
암수구별 / 암컷은 날개 외연이 둥글어 보인다.

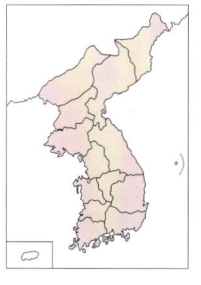

네발나비과

강원도 계방산 1996.6.23. ♂

115. 세줄나비 *Neptis philyra* Ménétriès

낮은 산지의 계곡이나 숲 가장자리에 살며, 주로 마을이나 절에 있는 단풍나무에서 발생한다. 길가에서 물을 먹거나 오물, 썩은 과일 등에서 즙을 빠는 습성이 강하며 드물게 꽃에 모이기도 한다. 월동은 애벌레로 하는데, 이 때 애벌레는 잎자루에 실을 내어 잎이 떨어지지 않게 한 후 그 잎 위에서 지낸다. 겨울에 단풍나무에서 떨어지지 않는 잎을 조사해 보면 월동 중인 애벌레를 볼 수 있다.

분　　포 / 남한 각지(도서 지방 제외)
출 현 기 / 5월 하순~7월 초(연 1회 발생)
식　　수 / 단풍나무과(단풍나무 · 고로쇠나무 · 복자기나무)
암수구별 / 배 끝을 확인하는 것이 좋다.

네발나비과

경기도 청계산 1995.6.17. ♂

네발나비과

경기도 정개산 1998.6.6. ♀

116. 참세줄나비
Neptis philyroides Staudinger

　세줄나비의 서식지에서 섞여 사는 경우가 많다. 습지에서 물을 빨거나 등산객이 버린 쓰레기에 잘 날아온다. 또 썩은 과일이나 잘 익은 오디 등의 열매에서 과즙을 빨기도 한다. 그 밖의 특징은 세줄나비와 비슷하다. 월동은 애벌레로 한다.

분　　포 / 남한 각지(도서 지방 제외)
출 현 기 / 5월 하순~7월 초(연 1회 발생)
식　　수 / 자작나무과(까치박달 · 서어나무 · 참개암나무)
암수구별 / 암컷은 날개 윗면의 흰색 띠의 폭이 넓다.

네발나비과

경기도 광릉 1996.5.23. ♀

경기도 주금산 1995.5.26. ♂

네발나비과

경기도 주금산 1995. 6. 28. ♂

117. 애기세줄나비   *Neptis sappho* (Pallas)

 낮은 산지의 계곡이나 숲 가장자리에 살며, 날 때에는 천천히 활강하다가 파닥파닥하기를 반복한다. 수컷은 약하게 점유행동을 하며 계곡에서 수컷끼리 어우러져 날 때가 많다. 계절형의 차이는 여름형이 봄형에 비해 크고, 날개의 흰색 띠의 폭이 좁아지는 경향이다. 주로 흰색의 꽃에서 꿀을 빨고 습지에도 잘 내려앉는다. 암컷은 날개를 편 상태로 거꾸로 잎 끝으로 이동하여 잎 앞면 끝에 알을 한 개씩 낳는다. 부화한 애벌레는 잎 중맥 끝에서 잎자루 쪽으로 위치하고 잎맥을 남긴 채 잎을 먹는다.

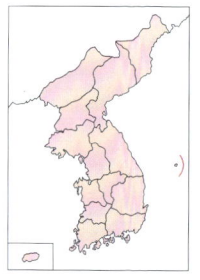

- **분　　포** / 남한 각지
- **출 현 기** / 5~9월(연 2~3회 발생)
- **식　　초** / 콩과(나비나물 · 네잎갈퀴나물 · 싸리넓은잎갈퀴 · 아까시나무 · 칡), 벽오동과(벽오동)
- **암수구별** / 수컷은 뒷날개 윗면의 전연부에 회백색 성표가 있다.

네발나비과

경상남도 양산 1986.5.15. ♂

네발나비과

경기도 주금산 1994.6.5. ♂

118. 높은산세줄나비 *Neptis speyeri* Staudinger

주로 활엽수림의 그늘진 곳, 개울가, 숲길에서 볼 수 있으며 개체수는 매우 적다. 수컷은 오전에 길가의 습지에 자주 내려와 앉고, 애기세줄나비보다 빠르고 힘차게 난다. 가끔 나뭇잎이나 바위 위에서 날개를 편 상태로 일광욕을 한다. 월동은 애벌레로 한다.

분　　포 / 경기도, 강원도, 경상남도 일부
출 현 기 / 6~7월(연 1회 발생)
식　　수 / 자작나무과(까치박달)
암수구별 / 배 끝을 확인하는 것이 좋다.

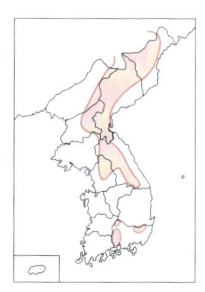

119. 별박이세줄나비
Neptis pryeri Butler

네발나비과

경기도 주금산 1995.7.1. ♀

산지보다 길가나 논둑에 살며 천천히 활강하듯 날아다닌다. 식수인 조팝나무 주위를 맴돌면서 그 곳을 멀리 떠나지 않는다. 산초나무, 조팝나무의 꽃에서 꿀을 빨고, 습지에 모이는 일은 드물다. 오디 같은 열매나 새똥, 다른 동물의 사체에 모여 즙을 빤다. 월동은 3령 애벌레로 한다.

분　　포 / 남한 각지(제주도 제외)
출 현 기 / 5월 하순~9월(연 2~3회 발생)
식　　수 / 장미과(조팝나무)
암수구별 / 암컷은 수컷보다 날개의 형태가 둥글어 보인다.

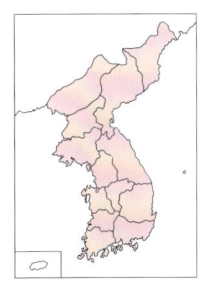

경기도 주금산 1993.6.5. ♂

네발나비과

경기도 주금산 1996.6.12. ♀

120. 황세줄나비
Neptis thisbe Ménétriès

참나무 숲에서 흔히 볼 수 있다. 산 길가나 나무 위를 빠르게 날아다니며, 습기가 있는 그늘진 바위 위에 노이는 습성이 있다. 또 외따로 떨어진 마을의 뜰이나 우물가에도 잘 모이며 길가에 앉는 일이 많다. 간혹 개구리의 사체나 새똥에 모여 즙을 빠는 경우도 있다. 암컷은 식수의 잎 끝에 알을 한 개씩 낳는다. 월동은 애벌레로 한다.

분　　포 / 남한 각지(도서 지방 제외)
출 현 기 / 6~8월(연 1회 발생)
식　　수 / 참나무과(졸참나무)
암수구별 / 암컷은 수컷에 비해 크고 날개의 형태가 둥글어 보인다.

네발나비과

강원도 광덕산 1991.6.11. ♂

강원도 계방산 1996.6.23. ♂

네발나비과

강원도 계방산 1996.6.23. ♂

121. 중국황세줄나비
Neptis tshetverikovi Kurentzov

지금까지 이 나비의 종명을 *yunnana* Oberthür로 취급하여 왔었다. 현재 우리 나라에서 이 속의 나비 중 가장 희귀하며 강원도 오대산 등지의 고지에 살고 있다. 비 온 후 축축한 길가나 도로변에 날아와 앉는 일이 많은데, 대부분 수컷이다. 암컷은 나무 위를 높게 날거나 나뭇잎 위에서 쉬는 경우가 많기 때문에 수컷에 비해 채집이 어렵다.

- **분　　포** / 강원도 태백산맥
- **출 현 기** / 6월 중순~7월(연 1회 발생)
- **식　　수** / 자작나무과(박달나무)
- **암수구별** / 암컷은 수컷에 비해 크고 날개의 형태가 둥글어 보인다.

네발나비과

강원도 계방산 1993.6.22. ♂

강원도 계방산 1992.6.26. ♂

네발나비과

강원도 광덕산 1996. 7. 10. ♀

122. 산황세줄나비
Neptis themis Leech

계곡이나 숲 가장자리에 살며, 개체수는 황세줄나비에 비해 적은 편이다. 꽃에는 모이지 않고 습지에 모여 물을 빠는 경우가 많다. 가끔 높은 나무 사이를 천천히 활강하듯 날아다니는 모습을 관찰할 수 있다. 황세줄나비와 중국황세줄나비와 흡사하여 구별이 어렵다.

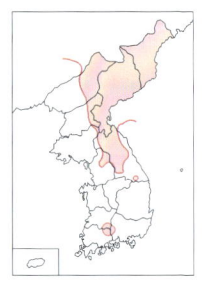

- **분　　포** / 경기도 북부, 강원도, 지리산
- **출 현 기** / 6~7월(연 1회 발생)
- **암수구별** / 암컷은 수컷에 비해 크고 날개의 형태가 둥글어 보인다.

242

네발나비과

강원도 계방산 1991.6.30. ♂

강원도 계방산 1991.6.30. ♂

네발나비과

강원도 쌍룡 1995.5.20. ♂

123. 두줄나비 *Neptis rivularis* (Scopoli)

길가나 논둑, 낮은 산지의 초원에 살며 별박이세줄나비와 서식지가 겹치는 경우가 많다. 숲 가장자리를 천천히 활강하듯이 날아다닌다. 주로 식수인 조팝나무 주위를 맴도는데, 그 곳을 멀리 벗어나는 일은 드물다. 조팝나무의 꽃에서 꿀을 빨고, 습지와 새똥에도 모인다. 월동은 3령 애벌레로 한다.

분　　포 / 남한 각지(도서 지방 제외)
출 현 기 / 5월 말~8월(연 1~2회 발생)
식　　수 / 장미과(조팝나무)
암수구별 / 암컷은 수컷에 비해 크고 날개 윗면의 흰색 띠의 폭이 넓은 편이다.

네발나비과

강원도 쌍룡 1990.6.3. ♀

네발나비과

경기도 주금산 1996.5.23. ♂

124. 어리세줄나비 *Aldania raddei* (Bremer)

산지의 계곡 주변, 숲길, 숲 가장자리에 산다. 오전 중에는 길가나 바위 위에서 일광욕을 하고, 오후에 나무 사이를 활발히 날아다닌다. 수컷은 습지에서 물을 빨며 꽃에 오는 일은 드물다. 가끔 짐승의 배설물에 모이는데 인기척에 놀라면 날아갔다가 다시 내려오는 습성이 있다. 암컷은 산란 시기가 되어야 나무 위를 천천히 날아다니므로 보통 때에는 보기 어렵다. 월동은 애벌레로 하는 것으로 추정된다.

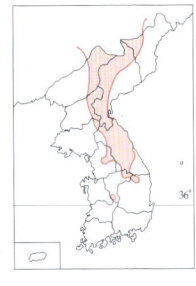

분　　포 / 36° 이북 지역(도서 지방 제외)
출 현 기 / 5~6월(연 1회 발생)
식　　수 / 느릅나무과(느릅나무)
암수구별 / 암컷은 수컷보다 크고 날개 외연이 둥글어 보인다.

강원도 오대산 1995.8.4. 여름형 ♂

├─────────────┤ 봄형
├───────────────┤ 여름형

경기도 화야산 1991.5.3. 봄형 ♂

125. 북방거꾸로여덟팔나비 *Araschnia levana* (Linnaeus)

거꾸로여덟팔나비와 유사하여 구별하기 어렵다. 주로 강원도 산지에 많으며 발생 시기도 약간 늦다. 계곡의 밝은 곳에서 흡수하거나 쉬땅나무, 개망초, 큰까치수영 등의 꽃에서 꿀을 빤다. 인기척에 놀라면 나무 위로 날아올라갔다가 잠시 후 제자리로 되돌아오는 습성이 있으며, 수컷은 산꼭대기에서 심하게 점유행동을 한다. 월동은 번데기로 한다.

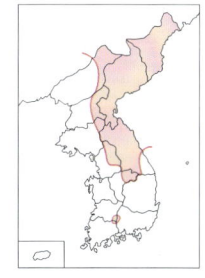

- **분　　포** / 지리산 이북(도서 지방 제외)
- **출 현 기** / 봄형 5~6월, 여름형 7~8월(연 2회 발생)
- **암수구별** / 봄형의 수컷은 날개 윗면에 흑색 무늬가 발달하고 전체적으로 주홍빛을 띤다. 여름형의 수컷은 날개 윗면의 흰색 띠의 폭이 좁고 전체적으로 검어진다.

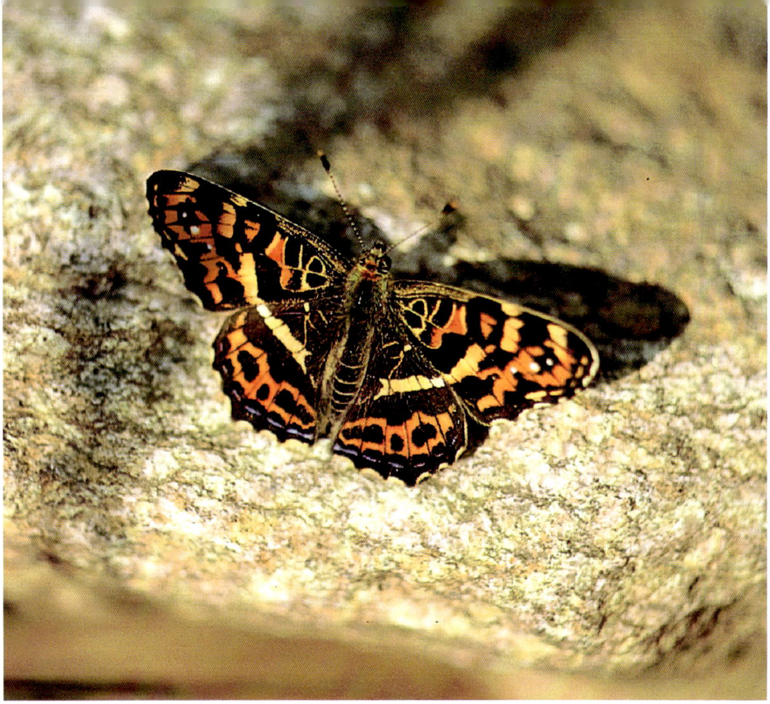

경기도 화야산 1994.5.6. 봄형 ♂

봄형 |———|

여름형 |———|

126. 거꾸로여덟팔나비

Araschnia burejana Bremer

낮은 산지의 계곡이나 길가 주변에 살며, 봄과 여름에 전혀 다른 모습의 계절형이 나타난다. 낮은 풀 위에 앉아 일광욕을 하거나 습지에 모이며 고추나무, 얇은잎고광나무, 쉬땅나무, 마타리 등의 꽃에 잘 모여 꿀을 빠는데, 특히 흰색의 꽃을 좋아한다. 암컷은 그늘진 곳에 위치한 식초의 잎 뒷면에 세로로 겹쳐 2~4개의 알을 낳는다. 월동은 번데기로 한다.

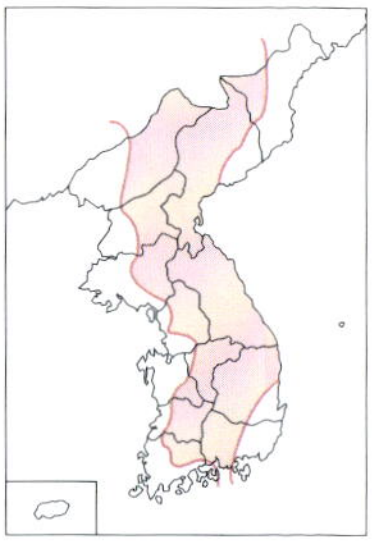

분 포 / 남한 각지(도서 지방 제외)
출 현 기 / 봄형 5~6월, 여름형 7~8월(연 2회 발생)
식 초 / 쐐기풀과(거북꼬리)
암수구별 / 봄형의 수컷은 날개 윗면의 흑색 무늬가 발달하고, 여름형의 수컷은 날개 윗면의 흰색 띠의 폭이 좁다.

네발나비과

경기도 주금산 1994.5.8. 봄형 ♂

강원도 광덕산 1996.7.23. 여름형 ♀,♂

네발나비과

강원도 쌍룡 1990.7.1. 여름형 우

127. 네발나비 *Polygonia c-aureum* (Linnaeus)

도시의 개천이나 낮은 산지의 계곡 주변, 강가 등에 살며 개체수도 많다. 여름형과 가을형이 날개의 색과 모양에서 많은 차이가 난다. 여름형은 주로 나무의 진에 잘 모이고, 가을형은 구절초, 산국 등 각종 꽃에서 꿀을 빨거나 과즙을 빤다. 월동 후에 암컷은 식초의 새싹이나 줄기 또는 그 주변 식물의 가지나 잎 등에 산란하며, 여름형의 암컷은 주로 식초의 잎 앞면에 알을 한 개씩 낳는다. 월동은 어른벌레로 한다.

- **분　　포** / 남한 각지
- **출 현 기** / 여름형 6~8월, 가을형 8월~이듬해 5월(중부 지방에서는 2~3회 발생, 남부 지방에서는 3~4회 발생)
- **식　　초** / 삼과(환삼덩굴 · 홉)
- **암수구별** / 암컷은 날개 외연이 둥글어 보이는데, 더 확실히 구별하려면 배 끝을 확인하는 것이 좋다.

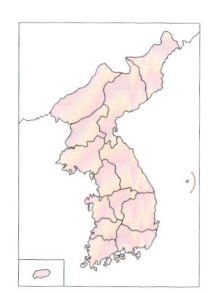

네발나비과

경기도 광릉 1993. 9. 3. 가을형 ♂

충청북도 수안보 1990. 9. 7. 가을형 ♂

네발나비과

강원도 가리왕산 1992.7.29. ♂

128. 산네발나비 *Polygonia c-album* (Linnaeus)

　산지성 나비로 주로 계곡의 습지와 숲길의 가장자리에 많은데, 네발나비와 형태가 비슷하다. 수컷은 물가에서 물을 빠는 일이 많다. 특히 오후 해질 무렵까지 나무 위를 빠르게 날면서 점유행동을 하는데, 이 때 청띠신선나비와 함께 나는 경우가 많다. 또 벌통의 꿀 냄새에 유인되어 모이기도 한다. 큰까치수영, 구절초, 쥐손이풀 등의 꽃에 모여 꿀을 빤다. 어른벌레로 월동하였다가 봄에 다시 활동한다.

분　　포 / 남한 각지(도서 지방 제외)
출 현 기 / 봄형 6~7월, 여름형 8월~이듬해 5월(연 2~3회 발생)
식　　수 / 느릅나무과(느릅나무)
암수구별 / 암컷은 날개 외연이 둥글어 보이는데, 더 확실히 구별하려면 배 끝을 확인하는 것이 좋다.

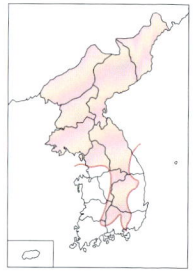

네발나비과

강원도 광덕산 1992.7.19. ♂

강원도 계방산 1996.7.31. ♀

강원도 오대산 1996.8.1. ♂   강원도 오대산 1996.8.1. ♂

129. 갈구리신선나비 *Nymphalis vau-album* (Denis et Schiffermüller)

지금까지의 채집지로는 남방 한계에 해당하는 경기도, 강원도 북부 지역이다. 대체로 높은 산지에 사는데 간혹 도심에서 발견되기도 하며, 봄에도 채집된다. 개체수는 적은 편이며 느릅나무나 참나무의 진에 모여 즙을 빤다. 수컷은 오전에 길가나 습지에 앉아 있는 경우가 많고, 놀라면 주위의 나무 위로 올라갔다가 다시 제자리로 내려오기도 한다. 월동은 어른벌레로 한다.

분　　포 / 38° 이북 지역(도서 지방 제외)
출 현 기 / 7월~이듬해 5월(연 1회 발생)
암수구별 / 암컷은 날개 아랫면의 바탕색이 다소 옅다. 더 확실히 구별하려면 배 끝을 확인하는 것이 좋다.

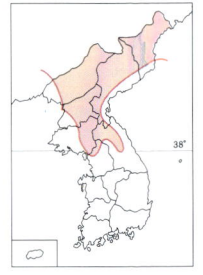

네발나비과

강원도 광덕산 1997.8.29. ♂

130. 신선나비 *Nymphalis antiopa* (Linnaeus)

남한에서는 1958년에 설악산 봉정암과 대청봉 사이의 등산로에서 채집한 이래, 설악산, 해산, 광덕산, 도봉산 등지에서 간간히 채집되고 있었다. 한지성 나비로 숲 가장자리에 살며, 특히 날개의 외연이 노란색을 띠어 독특한 아름다움을 가진 나비이다. 어른벌레로 월동한다.

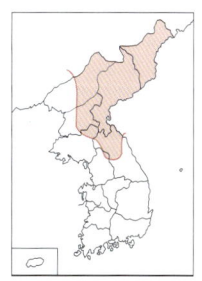

- **분　　포** / 경기도, 강원도 북부
- **출 현 기** / 7월~이듬해 5월 (연 1회 발생)
- **암수구별** / 암컷의 날개 외연이 둥그스럼하다. 더 확실히 구별하려면 배끝을 확인하는 것이 좋다.

네발나비과

강원도 해산 2003. 6. 28. ♀

강원도 광덕산 1993. 7. 2. ♂

131. 공작나비 *Inachis io* (Linnaeus)

대체로 해발 1000m 이상의 높은 산지에 사는 것으로 보이며, 남한에서는 강원도 태백산과 휴전선에 인접한 광덕산 등지에서 채집되는 희귀한 나비이다. 이곳이 이 나비의 남방 한계에 해당하는 것 같다. 날개의 바탕색은 홍색이고 뒷날개 윗면에 눈알 모양의 무늬가 있다. 큰까치수영, 쉬땅나무의 꽃에서 꿀을 빤다. 월동은 어른벌레로 한다.

분   포 / 강원도 일부
출 현 기 / 7월~이듬해 5월 이후(연 1회 발생)
식   초 / 삼과(홉)
암수구별 / 배 끝을 확인하는 것이 좋다.

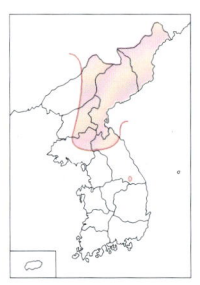

네발나비과

강원도 광덕산 1997.7.29. ♀

132. 쐐기풀나비 *Aglais urticae* (Linnaeus)

남한에서는 강원도 설악산과 광덕산에서 채집된 아주 희귀한 나비로 태백산맥의 다른 고봉에도 서식할 것으로 보인다. 북한의 산지에서는 흔하다. 수컷은 산 정상 주위의 암벽에서 점유행동을 하며 암수 모두 큰까치수영의 꽃에서 흡밀한다. 월동은 어른벌레로 한다.

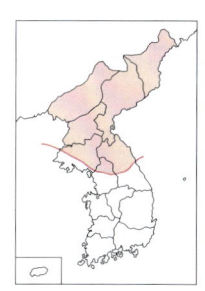

강원도 광덕산 1997.7.29. ♀

분 포 / 강원도 설악산, 광덕산
출 현 기 / 7월~이듬해 5월(연 1회 발생)
암수구별 / 암컷은 날개가 둥근 편이나 확실하게 구별하려면 배 끝을 확인하는 것이 좋다.

네발나비과

경기도 천마산 1996.7.1. ♀

133. 들신선나비
Nymphalis xanthomelas (Denis et Schiffermüller)

산지의 잡목림, 계곡, 하천 주변 등 분포 범위가 넓으나 청띠신선나비보다 개체수는 적다. 길가의 습지에 앉아 있거나 양지바른 숲길에 앉아 일광욕을 하며, 간혹 점유행동을 심하게 한다. 참나무의 진에 잘 모이나 이른 봄에는 벚꽃이나 살구꽃에도 모여 꿀을 빤다. 월동은 어른벌레로 한다.

분　　포 / 남한 각지
출 현 기 / 6월~이듬해 4월(연 1회 발생)
식　　수 / 버드나무과(갯버들)
암수구별 / 배 끝을 확인하는 것이 좋다.

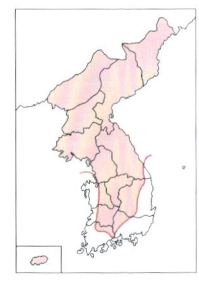

경기도 천마산 1995. 8. 18. ♂

경기도 주금산 1992. 7. 8. ♂

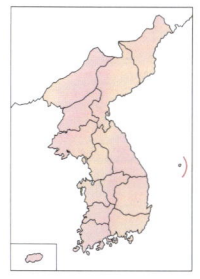

134. 청띠신선나비
Kaniska canace (Linnaeus)

아주 흔한 나비로 잡목림이나 마을, 사찰 주변에 많으며 간혹 높은 산지에서도 볼 수 있다. 날 때에는 직선적으로 빠르게 날며 수컷은 해질 무렵까지 길, 바위 등에 앉아 강한 점유행동을 보인다. 인기척에 놀라 날아가도 잠시 후 제자리로 되돌아온다. 습지에서 물을 빨며 참나무의 진이나 수박, 복숭아 등의 썩은 과일에도 잘 모인다. 암컷은 식초의 어린 잎 앞면이나 줄기에 알을 한 개씩 낳는다. 월동은 어른벌레로 한다.

분 포 / 남한 각지
출 현 기 / 6월~이듬해 5월(연 1~2회 발생)
식 초 / 백합과(청가시덩굴 · 청미래덩굴)
암수구별 / 배 끝을 확인하는 것이 좋다.

네발나비과

제주도 한림 1996. 11. 4. ♂

135. 큰멋쟁이나비
Vanessa indica (Herbst)

흔히 볼 수 있는 나비로 낮은 산지의 숲 가장자리나 양지바른 풀밭에 살며, 높은 산지에서도 드물게 나타난다. 참나무의 진이나 썩은 과일, 오물 등에 잘 모이며 국화, 엉겅퀴 등의 꽃에도 잘 모여 꿀을 빤다. 마을의 담벼락이나 축대 등에 정지하고 있을 때 다가가면 민첩하게 날아간다. 월동은 어른벌레로 한다.

강원도 쌍룡 1990. 8. 15. ♂

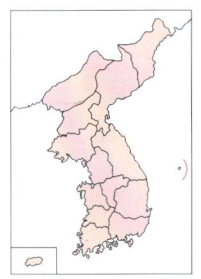

- **분 포** / 남한 각지
- **출 현 기** / 5~10월(연 2~4회 발생)
- **식 초** / 쐐기풀과(거북꼬리·가는잎쐐기풀), 느릅나무과(느릅나무)
- **암수구별** / 배 끝을 확인하는 것이 좋다.

네발나비과

강원도 광덕산 1993.8.29. ♂

136. 작은멋쟁이나비
Cynthia cardui (Linnaeus)

세계적으로 넓게 분포하는 나비로 우리 나라 전역에서 볼 수 있으며, 대체로 가을에 개체수가 많아진다. 초원이나 시가지, 제방 주변을 낮게 날아다닌다. 습지나 썩은 과일에는 잘 모이지 않고 토끼풀, 국화, 엉겅퀴, 가시여뀌, 코스모스 등의 꽃에 모여 꿀을 빤다. 암컷은 산란할 때 길 위를 낮게 날아다니다가 식초의 잎에 앉아 배를 구부려 잎 앞면에 알을 한 개씩 낳는다.

분   포 / 남한 각지
출 현 기 / 5~10월(연 수회 발생)
식   초 / 국화과(떡쑥)
암수구별 / 배 끝을 확인하는 것이 좋다.

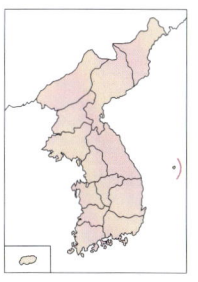

전라남도 두륜산 1992. 8. 3. ♂

137. 먹그림나비 *Dichorragia nesimachus* (Doyère)

　남부 지방과 제주도에 흔한 나비로 산지의 계곡 주변에 살며, 보통 나무 사이를 빠르게 직선적으로 난다. 햇빛이 강한 날은 약간 그늘진 습지를 찾는데, 이 때 날개를 편다. 수컷은 참나무의 진이나 짐승의 배설물, 썩은 과일에 잘 모이며, 오후 3시 이후부터 해질 무렵까지 계곡 주변이나 산꼭대기에서 강한 점유행동을 보인다. 월동은 번데기로 한다.

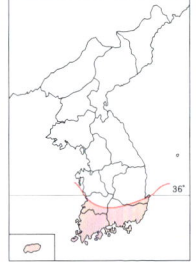

- **분　　포** / 36° 이남 지역, 서해 도서 일부
- **출 현 기** / 5월 중순~6월 중순, 7월 하순~8월(연 2회 발생)
- **식　　수** / 나도밤나무과(나도밤나무)
- **암수구별** / 암컷은 수컷에 비해 날개폭이 넓은데, 더 확실히 구별하려면 배 끝을 확인하는 것이 좋다.

네발나비과

전라남도 두륜산 1995.8.1. 우 우화

네발나비과

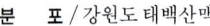
강원도 가리왕산 1991. 7. 14. ♂

138. 오색나비
Apatura ilia (Denis et Schiffermüller)

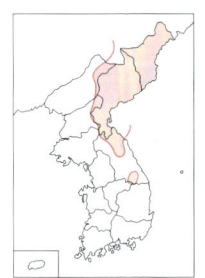

황오색나비에 비해 강원도의 산지에 국지적으로 분포하며 그 범위가 대단히 좁다. 수컷은 계곡이나 산간 도로의 습지에 잘 모인다. 이 속의 나비는 날개 윗면의 색에 따라 갈색형과 흑색형으로 나뉘는데 대체로 강원도 산간 지역에는 흑색형이, 그 밖의 낮은 지역에는 갈색형이 많다. 이 종에 있어서는 갈색형이 대단히 드물다. 이런 지역적인 색의 차이는 애벌레 때의 먹이가 다른 것에 기인한 것으로 보인다.

분　　포 / 강원도 태백산맥
출 현 기 / 7~8월(연 1회 발생)
암수구별 / 수컷의 날개 윗면은 보라색 광택이 나나 암컷은 나지 않는다.

네발나비과

강원도 오대산 2004.7.21. ♂

강원도 해산 1997.7.17. ♂

네발나비과

강원도 광덕산 1995. 7. 29. ♂

139. 황오색나비 *Apatura metis* Freyer

평지나 산지에 흔한 나비로 간혹 도심에서도 볼 수 있다. 암수 모두 버드나무나 참나무의 진에 잘 모이나, 길가의 습지에는 수컷이 즐겨 모인다. 암컷은 오후에 식수의 잎 앞면이나 가지 등에 알을 한 개씩 낳는다. 부화한 애벌레는 잎 앞면에 대좌(臺座)를 만들어 생활하고, 가을이 되어 2~4령 애벌레가 되면 체색이 갈색으로 변하고 식수의 갈라진 틈으로 이동하여 월동한다.

- **분　　포** / 남한 각지(제주도 제외)
- **출 현 기** / 강원도에서는 7~8월, 그 밖의 지역에서는 6~10월(연 1~3회 발생)
- **식　　수** / 버드나무과(수양버들·갯버들·호랑버들)
- **암수구별** / 수컷의 날개 윗면은 보라색 광택이 나나 암컷은 나지 않는다.

네발나비과

강원도 해산 2002. 6. 29. ♂

강원도 광덕산 1991. 6. 6. ♂

네발나비과

강원도 광덕산 1996. 7. 10. ♂

140. 번개오색나비 *Apatura iris* (Linnaeus)

지리산 이북의 해발 700m 이상의 산지에 살며 개체수도 많다. 느릅나무나 참나무의 진, 습지에 잘 모이며 오색나비와 황오색나비와는 달리 수컷은 나무 끝에서 점유행동을 강하게 나타낸다. 암컷은 오후에 식수 주변을 선회하고, 식수의 잎 앞면에 알을 한 개씩 낳는다. 월동은 애벌레로 하는데, 체색이 갈색으로 변하여 나뭇가지 사이의 틈에서 지낸다.

분　　포 / 지리산 이북(도서 지방 제외)
출 현 기 / 6월 하순~8월(연 1회 발생)
식　　수 / 버드나무과(호랑버들·버드나무)
암수구별 / 수컷의 날개 윗면은 보라색 광택이 나나 암컷은 나지 않는다.

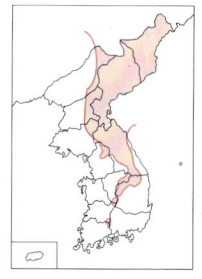

네발나비과

강원도 광덕산 1996.8.1. ♀

강원도 오대산 1996.8.1. ♀

네발나비과

경기도 광릉 1996.6.25. ♂

141. 수노랑나비
Chitoria ulupi (Doherty)

주로 낮은 산지의 계곡 주변에 사는데, 암수 모두 참나무의 진에 잘 모이나 습지에는 오지 않는다. 암컷은 8월 중 참나무 진이 나오는 장소나 식수 주변에서 머무르는 경우가 많다. 암컷은 잎 뒷면에 알을 한꺼번에 60여 개를 낳는데, 전체적인 모습이 육각형이다. 부화한 애벌레는 잎 뒷면에서 지내다가 3령 애벌레가 되면 체색이 갈색으로 변하여 식수 주변의 낙엽에서 집단으로 월동한다. 월동 후 한 마리씩 흩어져 독립 생활을 한다.

분 포 / 남한 각지(제주도 제외)
출 현 기 / 6월 중순~8월(연 1회 발생)
식 수 / 느릅나무과(팽나무 · 풍게나무)
암수구별 / 수컷은 날개 윗면의 바탕색이 황색이나 암컷은 자갈색이다.

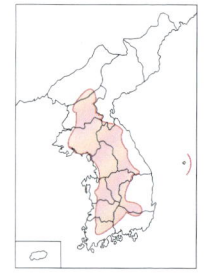

네발나비과

경기도 천마산 1987. 8. 12. ♀

경기도 광릉 1991. 7. 20. ♀

네발나비과

142. 은판나비
Mimathyma schrenckii (Ménétriès)

전국의 산지에서 흔히 볼 수 있는 나비이나 대체로 남쪽 지방에는 개체수가 적다. 수컷은 오전에 습지, 오물 등에 잘 모이며, 오후에는 암컷을 찾아 나무 사이를 빠르게 날아다니고 점유행동은 하지 않는다. 암컷은 오전보다 오후에 활동이 활발하고 느릅나무 진에 모이거나 땅 위에 앉기도 하며, 더운 날 오후에는 습지에서 물을 먹는 경우도 있다. 암컷은 식수의 잎 앞면에 엷은 녹색의 알을 한 개씩 낳는다. 월동은 4령 애벌레로 식수 가지의 갈라진 틈이나 홈 등에서 한다.

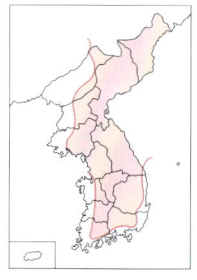

분 포 / 남한 각지(도서 지방 제외)
출 현 기 / 6~8월(연 1회 발생)
식 수 / 느릅나무과(느릅나무 · 참느릅나무 · 느티나무)
암수구별 / 암컷은 수컷에 비해 크고 앞날개 윗면 후연 쪽의 중앙에 적색 무늬가 발달한다.

경기도 천마산 1991.6.30. ♂

강원도 계방산 1991.6.30. ♂

네발나비과

강원도 해산 1996.7.10. ♂

강원도 쌍룡 1995.6.25. ♂

143. 밤오색나비 *Mimathyma nycteis* (Ménétriès)

큰키나무가 별로 없는 영월 일대 석회암 지대의 구릉에 살며, 개체수는 많은 편이나 나무가 많이 우거진 곳에서는 적다. 수컷은 물가나 참나무, 느릅나무의 진에 잘 모이며 오후에 산꼭대기에서는 수컷들의 점유행동을 볼 수 있다. 암컷은 식수의 잎 앞면에 알을 한 개씩 낳는데, 부화한 애벌레의 모습은 은판나비와 거의 흡사하다. 다만 월동할 때 체색과 형태에서 다소 차이가 난다.

- **분　　포** / 강원도, 충청북도 일부
- **출 현 기** / 6월 중순~8월 초(연 1회 발생)
- **식　　수** / 느릅나무과(느릅나무)
- **암수구별** / 암컷은 수컷에 비해 날개폭이 넓은데, 더 확실히 구별하려면 배 끝을 확인하는 것이 좋다.

네발나비과

강원도 쌍룡 1991. 6. 23. ♀

강원도 쌍룡 1997. 6. 18. ♂

네발나비과

144. 유리창나비
Dilipa fenestra (Leech)

이른 봄에 출현하여 잎도 나지 않은 숲 속에서 자태를 한껏 뽐내는 나비로 낮은 산지의 계곡, 개울가, 숲 가장자리에 산다. 수컷은 개울가나 억새풀 위에서 날개를 펴고 점유행동을 하는 일이 많은데, 이때 햇빛을 받으면 날개가 벌겋게 빛나 보인다. 암컷은 수컷과 달리 냇가에서 물을 빠는데 그 이유에 대해서는 아직 밝혀진 것이 없다. 암수 모두 참나무, 설탕단풍, 단풍나무의 즙을 먹는다. 월동은 번데기로 한다.

분 포 / 남한 각지(도서 지방 제외)
출현기 / 4월 중순~6월 초(연 1회 발생)
식 수 / 느릅나무과(팽나무·풍게나무)
암수구별 / 수컷은 날개 윗면의 바탕색이 황색이나 암컷은 흑갈색이다.

경기도 화야산 2003. 5. 10. ♀

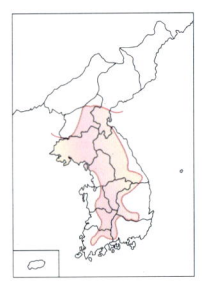

경기도 화야산 1992. 4. 5. ♂

네발나비과

경기도 화야산 1991.4.28. ♂

충청북도 단양 1997.5.12. ♂

네발나비과

경기도 화야산 1995.6.22. 봄형 ♂

145. 흑백알락나비 *Hestina persimilis* (Westwood)

지금까지 종명 *japonica* (C et R. Felder)가 적용되어 왔다. 주로 참나무가 우거진 숲이나 그 근처의 계곡에서 산다. 개체수는 봄형보다 여름형이 적고, 봄형은 시맥(翅脈)을 제외하고는 날개의 흑색이 거의 없어져 흰색으로 보인다. 수컷은 참나무의 진이나 썩은 과일, 짐승의 배설물에 잘 모인다. 습지에서 물을 빠는 일은 드물며 높은 나무 사이를 빠르게 날아다니면서 암컷을 찾는다. 암컷은 나뭇가지나 잎 등 여러 장소에 알을 한 개~수십 개씩 낳는다. 월동은 애벌레로 하는데, 식수 주변의 낙엽 뒷면에서 지낸다.

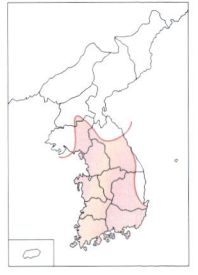

분　　포 / 남한 각지(제주도 제외)
출 현 기 / 봄형 5~6월, 여름형 7월 말~8월(연 2회 발생)
식　　수 / 느릅나무과(팽나무·풍게나무)
암수구별 / 암컷은 수컷에 비해 날개폭이 넓은데, 더 확실히 구별하려면 배 끝을 확인하는 것이 좋다.

네발나비과

경기도 화야산 1991.8.3. 여름형 ♂

전라남도 무등산 1995.6.10. 봄형 ♂ (정헌천 제공)

네발나비과

경기도 천마산 1995.8.18. 여름형 ♂

146. 홍점알락나비 *Hestina assimilis* (Linnaeus)

산지보다 주로 마을 주변이나 해변가에 산다. 여름형이 봄형에 비해 개체수가 많으나 형태적 차이는 없다. 수컷은 나무 사이를 빠르게 날며 참나무 진에 잘 모이나 습지에는 오지 않는다. 오후 3시경 이후에 흔히 산꼭대기에서 심한 점유행동을 한다. 암컷은 잎 앞면에 알을 한 개씩 낳는다. 월동은 애벌레로 하는데, 식수 주변의 낙엽의 뒷면 등에서 지낸다.

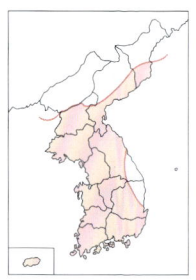

분 포 / 남한 각지
출 현 기 / 봄형 5~6월, 여름형 7월 말~8월(연 2회 발생)
식 수 / 느릅나무과(팽나무 · 풍게나무)
암수구별 / 암컷은 수컷에 비해 날개폭이 넓은데, 더 확실히 구별하려면 배 끝을 확인하는 것이 좋다.

네발나비과

경기도 주금산 1995.8.12. 여름형 ♂ (박경태 제공)

경기도 주금산 1994.6.5. 봄형 ♂

네발나비과

경기도 주금산 1991.6.16. ♂

147. 왕오색나비
Sasakia charonda (Hewitson)

 마을 주변의 잡목림에 사는데 흑백알락나비, 홍점알락나비와 섞여 사는 경우가 많다. 서식지 주변의 습지, 참나무 진, 새똥 등을 찾으면 볼 수 있는데, 최근 개체수가 격감하고 있다. 대형의 나비로, 날 때에는 힘차게 나무 사이를 선회한다. 수컷은 오후에 산꼭대기에서 점유행동을 하는데, 주위를 지나가는 새의 뒤를 쫓을 정도로 강하게 한다. 월동은 애벌레로 하는데, 식수 주변의 낙엽 뒷면에서 겨울동안 눈에 덮인 채로 지낸다.

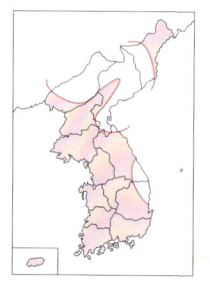

- **분　　포** / 남한 각지
- **출 현 기** / 6월 말~8월(연 1회 발생)
- **식　　수** / 느릅나무과(팽나무·풍게나무)
- **암수구별** / 수컷은 날개 윗면이 기부에서 중앙까지 짙은 보라색을 띠나 암컷은 바탕색이 흑색을 띤다.

네발나비과

경기도 앵무봉 1991.7.5. ♂

경기도 광릉 1993.7.10. ♀

네발나비과

경기도 화야산 1995. 7. 29. ♀

148. 대왕나비 *Sephisa princeps* (Fixsen)

참나무가 많은 잡목림에 살며 분포 범위가 넓다. 수컷은 습지에 잘 모이며 능선이나 산꼭대기에서 점유행동을 한다. 암컷은 참나무 진에 잘 모이며, 거미나 다른 애벌레들에 의해 말려진 잎 안에 알을 160개 정도 낳는다. 월동은 애벌레로 하는데, 식수의 말린 나뭇잎 안에서 집단으로 지낸다.

분　　포 / 남한 각지(제주도 제외)
출 현 기 / 6월 하순~8월(연 1회 발생)
식　　수 / 참나무과(굴참나무 · 상수리나무 · 신갈나무)
암수구별 / 수컷의 날개는 적황색 바탕에 흑색 줄무늬가 있고, 암컷은 흰색 바탕에 흑색 줄무늬가 있다.

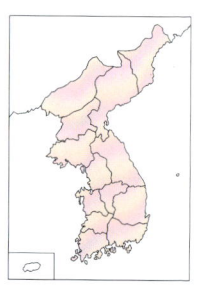

네발나비과

강원도 가리왕산 1991. 7. 14. ♂

강원도 가리왕산 1991. 7. 14. ♂

네발나비과

경기도 주금산 1996.6.6. ♂

149. 애물결나비 *Ypthima argus* Butler

　산기슭이나 마을 주변에서 흔히 볼 수 있는 나비이다. 풀 사이를 톡톡 튀듯이 가볍게 날아다니다가 풀 위에 앉아 일광욕을 할 때에는 날개를 펴고, 그 밖에는 대부분 날개를 접고 앉는다. 주로 오후에 황색 계통의 꽃을 즐겨 찾는다. 암컷은 벼과 식물의 잎이나 그 주변의 마른 풀에 알을 한 개씩 낳는다. 계절형은 뚜렷하지 않으나 대체로 여름형이 봄형보다 작은 편이다.

분　　포 / 남한 각지
출 현 기 / 5~9월(연 2~3회 발생)
암수구별 / 암컷은 수컷에 비해 날개의 형태가 둥글며 바탕색이 약간 옅다.

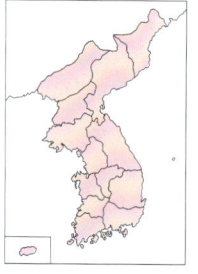

네발나비과

강원도 모곡 1990. 5. 16. ♂

네발나비과

강원도 광덕산 1991.6.3. ♂

150. 물결나비
Ypthima multistriata Butler

애물결나비와 비슷한 환경에서 사는데 개체수는 좀 적은 편이다. 날 때에는 애물결나비보다 약간 빠르게 톡톡 튀듯이 날아다니며, 풀이나 땅 위에 앉아 일광욕을 한다. 간혹 여러 꽃에서 꿀을 빨거나 썩은 과일에서 과즙을 빨고 물가에 모여 물을 먹는다.

- **분　　포** / 남한 각지
- **출 현 기** / 중부 지방은 6~7월, 남부 지방은 5월 말~9월 (연 1~2회 발생)
- **암수구별** / 암컷은 수컷에 비해 날개의 형태가 둥글며 바탕색이 약간 옅다.

네발나비과

전라남도 두륜산 1993. 7. 19. 교미

네발나비과

경기도 현리 1991. 8. 7. ♂ (이영준 제공)

151. 석물결나비
Ypthima motschulskyi (Bremer et Grey)

대체로 참나무가 우거진 장소에서 많이 산다. 애물결나비와 물결나비에 비해 국지적으로 분포하며, 특히 물결나비와 형태가 유사하여 혼동되어 그 동안의 분포 범위가 확실하지 않다. 이 나비는 물결나비에 비해 출현 시기가 조금 늦은 편이며, 날 때에는 날개색이 약간 어두워 보인다.

분　　포 / 남한 각지
출 현 기 / 중부 지방은 6~7월, 남부 지방은 5월 말~9월(연 1~2회 발생)
암수구별 / 암컷은 수컷에 비해 날개의 형태가 둥글며 바탕색이 약간 옅다.

290

네발나비과

경기도 주금산 1992.7.5. ♂

네발나비과

강원도 해산 1995.6.6. 교미

152. 외눈이지옥나비
Erebia cyclopia (Eversmann)

강원도의 태백산맥을 중심으로 분포하며, 외눈이지옥사촌나비와 섞여 사는 경우가 많다. 숲 사이의 햇빛이 내리쬐는 공간에 잘 모이며, 습지에도 잘 모인다. 날개를 반쯤 펴고 일광욕을 하며, 꽤 민첩하여 작은 인기척에도 날아간다.

분　　포 / 강원도
출 현 기 / 5월 말~6월(연 1회 발생)
암수구별 / 암컷은 수컷에 비해 날개색이 옅은 편이다.

네발나비과

강원도 오대산 1997.6.6. ♂

강원도 오대산 1997.6.6. ♂

네발나비과

강원도 오대산 1994.6.6. ♂

153. 외눈이지옥사촌나비
Erebia wanga Bremer

외눈이지옥나비에 비해 분포 범위가 넓고, 날고 있을 때에는 외눈이지옥나비와 구별이 쉽지 않다. 숲 가장자리의 양지바른 곳에서 일광욕을 하기 위해 잎이나 나뭇가지 위에 날개를 펴고 앉는다. 이 때 몸을 약간씩 이동하면서 큰 동작으로 날개를 폈다접었다 한다. 서식지 주변의 조팝나무, 얇은잎고광나무 등의 꽃에 잘 모여 꿀을 빤다.

분　포 / 지리산 이북(도서 지방 제외)
출 현 기 / 5월 중순~6월(연 1회 발생)
암수구별 / 암컷은 수컷에 비해 날개색이 옅은 편이다.

강원도 오대산 1994.6.6. ♂

네발나비과

강원도 쌍룡 1993. 5. 9. ♂

154. 참산뱀눈나비
Oeneis mongolica (Oberthür)

지금까지 종명 *walkyria* Fixsen 또는 *nanna* Ménétriès가 적용되어 왔다. 이른 봄에 초원의 양지바른 장소에서 쉽게 볼 수 있다. 중부 지방에서는 주로 산 아래에, 남부 지방에서는 산꼭대기 주변에 산다. 날개색에 따라 갈색형과 흑색형으로 나뉘는데, 남쪽으로 갈수록 흑색형이 많은 편이다. 날개에 눈알 모양의 무늬가 없는 것부터 많은 것까지 여러 변이가 나타난다. 일광욕을 할 때에는 날개를 접고 비스듬히 기울여 앉는다.

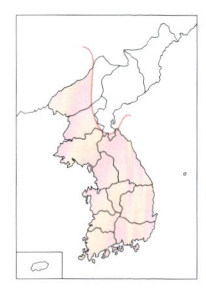

분　　포 / 남한 각지(제주도 제외)
출 현 기 / 4~5월(연 1회 발생)
암수구별 / 암컷은 날개에 눈알 모양의 무늬가 발달한다.

네발나비과

강원도 쌍룡 1993.5.18. ♀

강원도 쌍룡 1993.5.9. ♂

네발나비과

제주도 한라산 1998.5.23. ♀

155. 함경산뱀눈나비
Oeneis urda (Eversmann)

강원도의 산지나 제주도 한라산에만 분포하며, 남한에서는 희귀종으로 분류할 수 있다. 습성은 참산뱀눈나비와 비슷하여 나무가 적은 초지나 암벽 부근에 산다. 맑은 날에 수컷은 풀에 앉아 일광욕을 하며, 점유행동을 강하게 한다. 아직 흡밀식물, 유생기 등의 생태에 대해서 알려진 바가 없다.

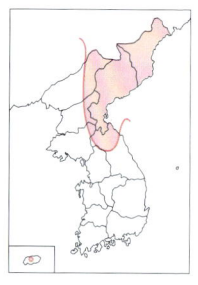

분　　포 / 강원도 산지, 제주도 한라산
출 현 기 / 5~6월 중순(연 1회 발생)
암수구별 / 암컷은 날개 윗면에 뱀눈 모양의 무늬가 발달한다.

네발나비과

강원도 쌍룡 1992.5.24. 교미   강원도 쌍룡 1990.5.27. ♂

156. 도시처녀나비 *Coenonympha hero* (Linnaeus)

양지바른 하천 주변이나 초지, 마을 주변, 야산에 산다. 풀과 풀 사이를 톡톡 튀듯이 천천히 날아다니는 모습이 관찰된다. 보통 날개를 접고 앉으나, 아침 일찍 햇빛이 내리쬐면 날개를 반쯤 펴고 일광욕을 한다. 특히 일광욕을 할 때에는 햇빛의 방향에 수직으로 비스듬히 날개를 기울인다. 엉겅퀴, 나무딸기, 개망초 등의 꽃에서 꿀을 빤다.

분　　포 / 남한 각지
출 현 기 / 5월 초~6월(연 1회 발생)
암수구별 / 암컷은 수컷에 비해 날개색이 옅고, 날개 아랫면의 흰색 띠의 폭이 일반적으로 넓다.

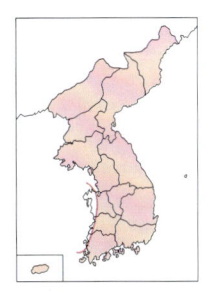

네발나비과

강원도 계방산 1992.7.19. ♂

157. 봄처녀나비
Coenonympha oedippus (Fabricius)

양지바른 초지나 산지에 살며, 맑은 날 풀 사이를 천천히 날아다니다가 엉겅퀴 등의 꽃에 모여 꿀을 빤다. 놀라면 나무 위로 올라갔다가 잠시 후 다시 아래로 내려온다. 대체로 습성이 도시처녀나비와 흡사하다. 최근 개체수가 감소되고 있어 보기 어려운 나비이다.

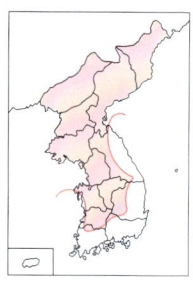

분　　포 / 남한 각지(제주도 제외)
출 현 기 / 6~7월(연 1회 발생)
암수구별 / 암컷은 수컷보다 날개색이 옅고, 뒷날개 아랫면에 흰색 띠가 뚜렷하게 나타난다.

경상북도 경주 1995.5.12. ♀

158. 시골처녀나비
Coenonympha amaryllis (Cramer)

양지바른 초지나 남쪽 해안가의 초지에 살며, 분포는 국지적이다. 도시처녀나비와 봄처녀나비에 비해 개체수는 적은 편이나 습성은 비슷하다. 보통 풀에 앉아 있거나 낮게 풀 사이를 이리저리 날아다닌다. 특히 봄형은 기온이 낮은 아침에 풀 사이의 땅 위에서 날개를 기울여 일광욕을 할 때가 많다. 쑥부쟁이, 민들레, 엉겅퀴 등의 꽃에서 꿀을 빨기도 한다.

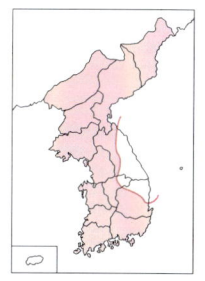

분　　포 / 남한 각지(제주도 제외)
출 현 기 / 봄형 5~6월, 여름형 8월 말~9월(연 2회 발생)
암수구별 / 암컷은 날개 아랫면에 눈알 모양의 무늬가 크고 뚜렷하게 나타난다.

네발나비과

제주도 한라산 1990.8.1. ♀

159. 가락지나비
Aphantopus hyperantus (Linnaeus)

남한에서는 유일하게 한라산의 1200m 이상의 건조한 초지에 살며, 출현기에는 개체수가 매우 많다. 풀 사이를 낮게 날아다니다가 금방망이 등의 꽃에서 꿀을 빠는데, 강한 햇빛에 오랫동안 노출될 때에는 날개를 접어 햇빛에 수직으로 한다. 보통 산굴뚝나비에 비해 바쁘게 날아다닌다.

분 포 / 제주도 한라산
출 현 기 / 7월 하순~8월(연 1회 발생)
암수구별 / 암컷은 수컷에 비해 크고 날개색이 다소 옅다.

네발나비과

강원도 쌍룡 1992. 8. 22. ♂

160. 굴뚝나비
Minois dryas (Scopoli)

 초원성 나비로 숲보다 탁 트인 길가나 목장 등 단조로운 환경에 산다. 길을 걷다보면 갑자기 풀숲에서 툭 튀어 나왔다가 다른 편으로 사라지는 좀 멋없는 나비이다. 마타리, 엉겅퀴, 꿀풀, 쉬땅나무 등의 꽃에서 꿀을 빨고, 대부분 쉴새없이 날아다닌다. 암컷은 풀숲으로 들어가 알을 낳는데, 땅 위에 그대로 떨어뜨리는 경우도 있다.

강원도 쌍룡 1993. 9. 5. ♂

분　　포 / 남한 각지
출 현 기 / 6월 하순~9월(연 1회 발생)
암수구별 / 암컷은 수컷에 비해 크고 날개색이 다소 옅다.

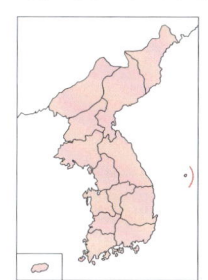

303

네발나비과

제주도 한라산 1996. 7. 23. ♂

161. 산굴뚝나비
Hipparchia autonoe (Esper)

한라산 1300m 이상의 초지에 산다. 개체수는 많으며 가락지나비와 섞여 살고 있다. 수컷은 화산암 위에 앉아 있거나 솔체꽃, 송이풀, 꿀풀 등의 꽃에서 꿀을 빨기도 한다. 바람이 불면 멀리 날고, 인기척에 놀라면 5~6m 정도 날아가 앉는다. 또 최성기 때에는 수컷이 암컷에게 구애하는 장면을 쉽게 볼 수 있다.

제주도 한라산 1992. 7. 26. ♂

- **분　포** / 제주도 한라산
- **출 현 기** / 7~8월(연 1회 발생)
- **암수구별** / 암컷은 수컷보다 크고 날개색이 다소 옅다.

강원도 광덕산 1996.7.17. ♂

162. 왕그늘나비 *Ninguta schrenckii* (Ménétriès)

참나무 숲 주변의 초원에 살며 강원도 산지에 흔한 나비이다. 낮 동안에는 나무 줄기에 머리를 위로 하고 앉아 있거나 나뭇잎 위에 앉아 있는 경우가 많다. 대체로 저녁 무렵부터 활발하게 날아다니며, 다른 개체를 만나면 서로 엉켜서 함께 난다. 참나무 진이나 새똥에 모이는 경우는 있으나 꽃은 찾지 않는다.

분 포 / 35° 이북(도서 지방 제외)
출 현 기 / 6월 중순~9월 초(연 1회 발생)
암수구별 / 수컷은 뒷날개 윗면 기부 부근에 흰색의 긴 털뭉치의 성표가 있다.

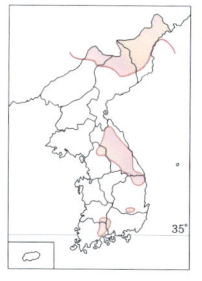

네발나비과

경기도 죽엽산 1993.7.7. ♂

163. 황알락그늘나비 *Kirinia fentoni* (Butler)

우리 나라 전역의 낮은 산지에서 높은 산지에 걸쳐 넓게 분포한다. 특히 나무 그늘 사이를 이리저리 날아다니다가 굵은 나무 줄기에 머리를 위로 하고 앉는다. 작은 인기척에도 날아가기 때문에 채집하기가 꽤 곤란하다. 느릅나무나 참나무 진에 잘 모이나 꽃에는 모이지 않으며, 먹그늘나비와 섞여 사는 경우가 많다.

분　　포 / 남한 각지(제주도 제외)
출 현 기 / 6월 하순~9월(연 1회 발생)
암수구별 / 암컷은 앞날개 날개끝이 둥글어 보이며, 날개 바탕에 노란색이 감돈다.

네발나비과

경기도 죽엽산 1993. 7. 7. 우

네발나비과

강원도 태백산 1992.8.11. ♂

164. 알락그늘나비
Kirinia epimenides (Ménétriès)

최근까지 황알락그늘나비와 같은 종으로 취급하여 왔으나 형태와 생태적으로 차이가 난다. 대체로 황알락그늘나비와 섞여 사는 경우가 많으나 이 나비 쪽이 산지성을 보인다. 참나무 숲 속에서 천천히 날거나 산꼭대기의 암벽에 앉아 있는 경우가 많다. 인기척에 민감하고 참나무 진에는 모이나 꽃에는 모이지 않는다.

분　포 / 지리산 이북(도서 지방 제외)
출현기 / 6월 하순~9월(연 1회 발생)
암수구별 / 암컷은 수컷에 비해 날개의 폭이 넓고 앞날개 끝이 둥글어 보이며 날개 바탕에 노란색이 감돈다.

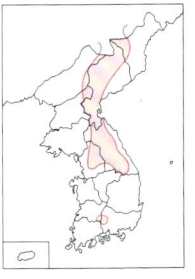

강원도 계방산 1996. 7. 20. ♂   경기도 소요산 1994. 6. 12. ♀

165. 뱀눈그늘나비 *Lasiommata deidamia* (Eversmann)

주로 바위가 많은 곳이나 양지바른 산길, 낭떠러지 부근에 사는데, 경기도에서는 낮은 산지부터 높은 산지까지 풀이 적은 장소에 서식한다. 날개를 폈다접었다 하며 경계하는 모습을 볼 수 있다. 간혹 물가에 모이기도 하며 개망초, 기린초 등의 꽃에서 꿀을 빤다. 월동은 애벌레로 한다.

분　　포 / 남한 각지(제주도 제외)
출 현 기 / 중부 지방 6~8월, 남부 지방 5월 말~9월(연 1~2회 발생)
암수구별 / 암컷은 앞날개 윗면에 흰색 무늬가 발달한다.

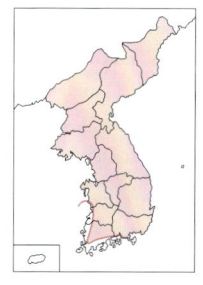

네발나비과

제주도 한라산 1996. 7. 23. ♂

166. 눈많은그늘나비 *Lopinga achine* (Scopoli)

참나무 숲 주변의 풀밭을 중심으로 바위벽, 산꼭대기 부근에 산다. 대체로 힘없이 날아오르다가 적당한 장소에 뚝 떨어져 앉는 경우가 많다. 행동은 뱀눈그늘나비와 유사하다. 또 한라산의 높은 곳에도 분포하는데, 정상 부근의 구상나무의 진을 먹는다.

분 포 / 남한 각지
출 현 기 / 6~8월(연 1회 발생)
암수구별 / 암컷은 수컷에 비해 날개의 눈알 모양 무늬가 크고 바탕색이 다소 옅다.

강원도 쌍룡 1997.6.18. ♂

강원도 계방산 1994.6.22. ♀

네발나비과

강원도 오대산 1995. 7. 20. ♀

167. 먹그늘나비 *Lethe diana* (Butler)

전국에 아주 흔한 나비로 개체수도 많으며, 조릿대가 많은 그늘진 장소에서 산다. 햇빛이 약하게 쪼이는 나뭇잎 위에 앉아 쉬는 일이 많고, 오후나 흐린 날에 활발하게 날아다닌다. 그 주변에 다른 나비가 날아오면 빠르게 그 뒤를 쫓는 습성이 있다. 새똥에 여러 마리가 앉아 있는 경우도 있으며 큰까치수영꽃에도 잘 모여 꿀을 빤다. 암컷은 비교적 땅에서 가까운 조릿대의 잎 뒷면에 알을 한 개씩 낳고, 애벌레도 잎 뒷면에서 생활한다.

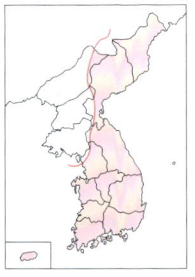

분   포 / 남한 각지
출 현 기 / 6월 중순~8월(연 1회 발생)
식   초 / 벼과(조릿대)
암수구별 / 수컷은 앞날개 아랫면의 후연에 흑색의 긴 털뭉치의 성표가 있으며, 뒷날개 윗면 제 6실에도 성표가 있다.

경기도 천마산 1991.6.30. ♂

168. 먹그늘나비붙이
Lethe marginalis (Motschulsky)

참나무림 주변의 풀밭에 살며, 먹그늘나비보다 개체수가 훨씬 적다. 주로 나뭇잎 위에서 날개를 접고 앉아 있는 경우가 많다. 맑은 날에는 오후에서 해질 무렵까지 잘 날아다니며, 흐린 날에도 하루 종일 날아다닌다.

분 포 / 남한 각지(제주도 제외)
출 현 기 / 6월 하순~8월(연 1회 발생)
식 초 / 벼과(새)
암수구별 / 암컷은 수컷에 비해 날개의 폭이 넓고 외연이 둥글어 보인다.

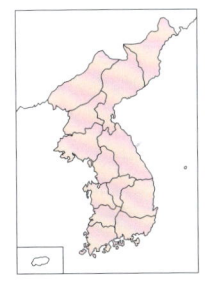

네발나비과

전라남도 두륜산 1994. 7. 20. ♂

169. 흰뱀눈나비
Melanargia halimede (Ménétriès)

남한에서는 남부 지방 일부와 제주도의 낮은 지대의 풀밭에 산다. 주로 햇빛이 잘 드는 억새풀밭에 개체수가 많다. 암컷은 수컷에 비해 잘 날지 않으며 풀에 붙어 쉬는 시간이 많다. 암수 모두 큰까치수영, 엉겅퀴 등의 꽃에 잘 모여 꿀을 빤다.

분　　포 / 전라남도, 경상도 일부와 제주도
출 현 기 / 6월 중순~8월 초순(연 1회 발생)
암수구별 / 암컷은 날개 아랫면에 노란색이 감돈다.

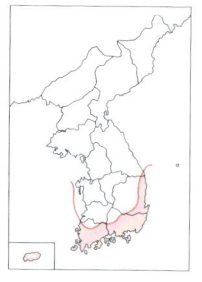

네발나비과

제주도 북제주군 1992.7.26. ♂

제주도 북제주군 1992.7.26. 교미

네발나비과

강원도 방대산 1995.7.25. ♂

170. 조흰뱀눈나비
Melanargia epimede (Staudinger)

남한에서의 분포 범위가 흰뱀눈나비와 확실히 구분된다. 특히 제주도 한라산에서는 해발 1100m 이상의 초지에 살며, 가시엉겅퀴, 금방망이 등의 꽃에 잘 모여 꿀을 빤다. 제주도의 개체들은 육지보다 크기가 작고 날개색이 어두운 편이다. 또 중부지방에서는 산지나 농경지 주변에 서식하며 큰까치수영, 꼬리풀, 둥근쥐손이풀, 곰취 등의 꽃에 잘 모인다. 암컷은 식초 주변의 마른 풀이나 다른 식물의 잎에 알을 낳는 경우가 많다.

분　　포 / 남한 각지, 제주도 한라산(남해안 일대 제외)
출 현 기 / 6월 중순~8월(연 1회 발생)
식　　초 / 벼과(참억새)
암수구별 / 암컷은 날개 아랫면에 노란색이 감돈다.

네발나비과

강원도 광덕산 1994. 7. 20. 교미 (박경태 제공)

강원도 방대산 1995. 7. 25. ♂

네발나비과

경기도 광릉 1993. 8. 18. ♂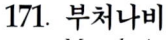

경기도 죽엽산 1993. 8. 18. 교미

경기도 주금산 1993. 6. 6. ♀

171. 부처나비
Mycalesis gotama Moore

전국에 걸쳐 흔한 나비로 마을 주변이나 숲길, 논 등에 살며 천천히 톡톡 튀듯이 난다. 보통 나뭇잎에 앉을 때에는 날개를 접으나 햇빛이 강할 때에는 날개를 반쯤 편다. 참나무의 진이나 썩은 과일에 잘 모이며, 점유행동은 특별히 보이지 않는다. 암컷은 식초 잎 뒷면에 알을 한 개씩 낳는다.

- **분　　포** / 남한 각지(제주도 제외)
- **출 현 기** / 4~10월(연 2~3회 발생)
- **식　　초** / 벼과(주름조개풀)
- **암수구별** / 수컷은 뒷날개 전연부에 긴 털뭉치의 성표가 있다.

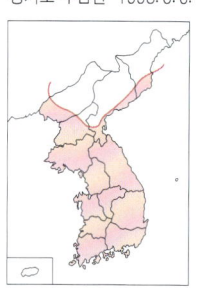

네발나비과

전라남도 두륜산 1993.5.28. ♂

172. 부처사촌나비   *Mycalesis francisca* (Cramer)

마을 주변에 흔한 나비로 숲 가장자리에 살며 톡톡 튀듯이 활발하게 날아다닌다. 대부분 날개를 접고 앉으나 이른 아침에는 일광욕을 하기 위하여 날개를 펴는 일이 많다. 물가나 썩은 과일 등에 잘 모이며, 특히 저녁 무렵이나 흐린 날에 활발히 활동한다.

분 포 / 남한 각지
출 현 기 / 4~10월(연 2~3회 발생)
식   초 / 벼과(실새풀)
암수구별 / 암컷은 수컷보다 날개의 폭이 넓고 형태가 둥글어 보인다. 수컷은 앞날개 윗면 후연 제 1b맥 위에 긴 털뭉치의 성표가 있고, 뒷날개 윗면 기부에도 흰색 털뭉치가 있다.

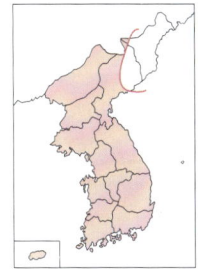

319

어리표범나비속의 구별점

작은은점선표범나비와 큰은점선표범나비의 구별점

작은표범나비와 큰표범나비의 구별점

흰줄표범나비와 큰흰줄표범나비의 구별점

은줄표범나비와 산은줄표범나비의 구별점

네발나비과

〈 은줄표범나비 〉

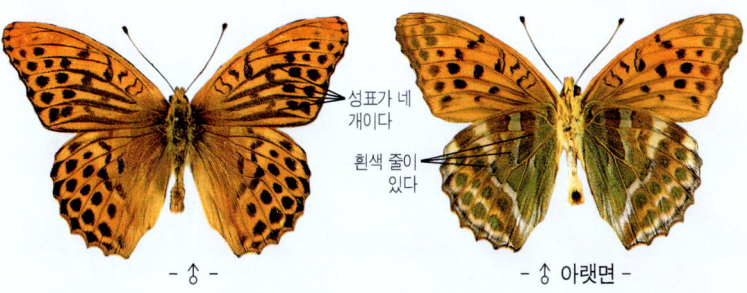

- ♂ - 성표가 네 개이다
- ♂ 아랫면 - 흰색 줄이 있다

- ♀ - 외연의 굴곡이 심하다
- ♀(흑화형) -

〈 산은줄표범나비 〉

- ♂ - 성표가 세 개이다
- ♀ - 어두운 녹색
- ♂ 아랫면 - 고리 모양의 흰색 띠가 발달한다

네발나비과

긴은점표범나비 · 은점표범나비 · 왕은점표범나비 · 풀표범나비의 구별점

〈 긴은점표범나비 〉

- ↑ 아랫면 -

〈 은점표범나비 〉

은색 무늬가 길다
은색 무늬가 둥글다

- ↑ 아랫면 -

〈 왕은점표범나비 〉

흑갈색 무늬가 세 개 나타난다
M자형이다

- ↑ 아랫면 -

〈 풀표범나비 〉

세 개의 흰색 무늬가 삼각형을 이룬다

- ↑ 아랫면 -

참줄나비와 참줄나비사촌의 구별점

〈 참줄나비 〉

흰색 줄무늬가 나타난다
흰색 줄무늬가 나타나지 않는다

- ↑ -

〈 참줄나비사촌 〉

- ↑ -

제일줄나비 · 제이줄나비 · 제삼줄나비의 구별점

네발나비과

〈 제일줄나비 〉

- 흰색 띠가 끝다
- 주황색 무늬가 없다
- 흰색 점이 아주 작다

- ♂ -   - ♀ 아랫면 -

〈 제이줄나비 〉

- 세 개의 흰점 중 제일 길다
- 구부러진다
- 주황색 무늬가 있다
- 흰색 점이 크다

- ♂ -   - ♀ 아랫면 -

〈 제삼줄나비 〉

- 흰색 띠의 폭이 좁고 곧다
- 주황색 무늬가 발달한다
- 흰색 띠가 약하게 나타난다
- 흰색 점이 없다

- ♂ -   - ♀ 아랫면 -

세줄나비류의 구별점

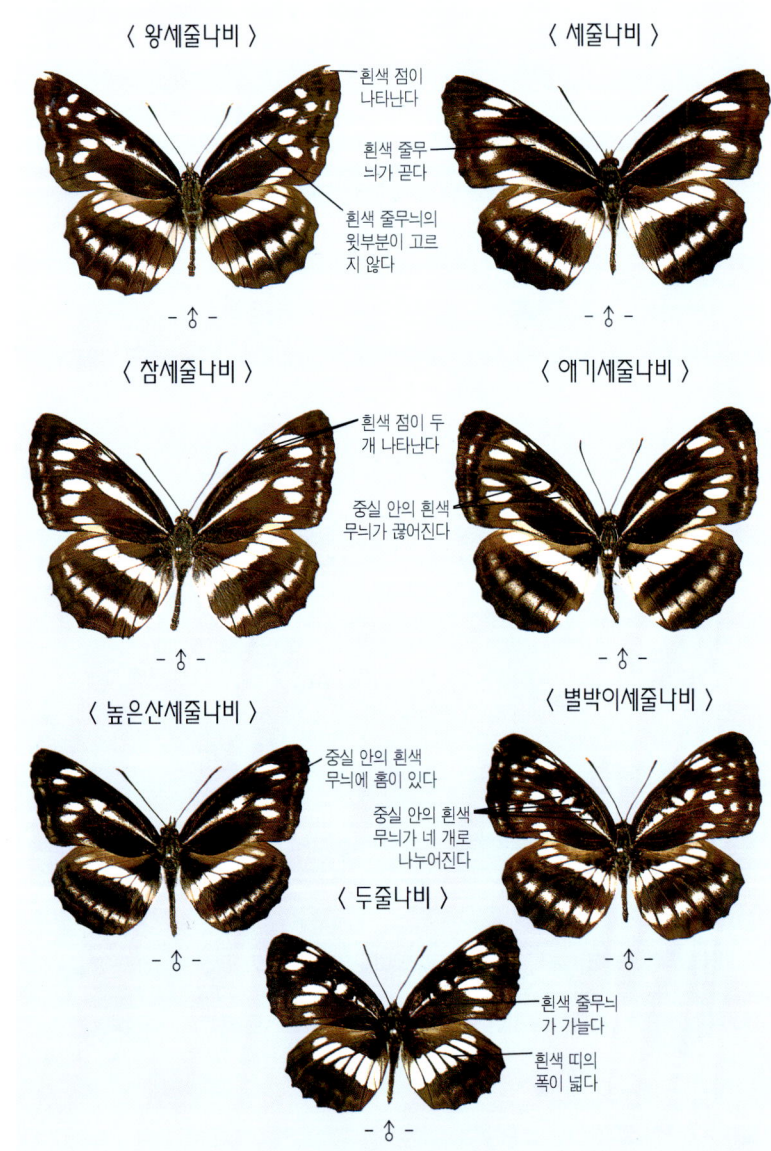

황세줄나비 · 중국황세줄나비 · 산황세줄나비의 구별점

〈 황세줄나비 〉

- ♂ -

황색 무늬가 크다
황색이 엷고 굴곡이 심하지 않다
삼각형의 황색 무늬가 크다
황갈색
- ♀ 아랫면 -

〈 중국황세줄나비 〉

- ♂ -

짙은 황색
삼각형의 황색 무늬가 돌출된다
적갈색
- ♀ 아랫면 -

〈 산황세줄나비 〉

- ♂ -

황색 무늬가 작다
띠의 폭이 좁고 굴곡이 거의 없다
삼각형의 황색 무늬가 작다
황갈색
- ♀ 아랫면 -

네발나비과

북방거꾸로여덟팔나비와 거꾸로여덟팔나비의 구별점

네발나비와 산네발나비의 구별점

네발나비과

오색나비속 나비의 구별점 - ❶

〈 오색나비 〉 〈 황오색나비 – 흑색형 〉

- 둥글다
- 흰색 무늬의 폭이 좁다
- 타원형
- 흰색 무늬의 폭이 넓다
- 흰색 무늬가 나타난다
- 흰색 무늬가 없다

- ♂ -   - ♂ -

- 흰색 무늬의 굴곡이 심하다
- 흰색 무늬의 폭이 넓다

- ♀ -   - ♀ -

- 흑색 점 가운데에 흰색 무늬가 있다
- 작은 흑색 점만 나타난다

- ♀ 아랫면 -   - ♀ 아랫면 -

오색나비속 나비의 구별점 - ❷

네발나비과

물결나비속 나비의 구별점

외눈이지옥나비와 외눈이지옥사촌나비의 구별점

〈 외눈이지옥나비 〉　　　　　　〈 외눈이지옥사촌나비 〉

- 두 점의 각도가 크다
- 두 점의 각도가 작다
- 흰색 띠가 나타난다
- 흰색 점이 나타난다

- ♂ 아랫면 -　　　　　　　　- ♂ 아랫면 -

도시처녀나비 · 봄처녀나비 · 시골처녀나비 · 가락지나비의 구별점

〈 도시처녀나비 〉　　　　　　〈 봄처녀나비 〉

- 황백색 띠가 나타난다
- 황갈색
- 적갈색

- ♂ 아랫면 -　　　　　　　　- ♂ 아랫면 -

〈 시골처녀나비 〉　　　　　　〈 가락지나비 〉

- 흑갈색
- 녹색이 도는 황색

- ♂ 아랫면-　　　　　　　　- ♂ 아랫면-

네발나비과

네발나비과

알락그늘나비속 나비의 구별점

〈 황알락그늘나비 〉

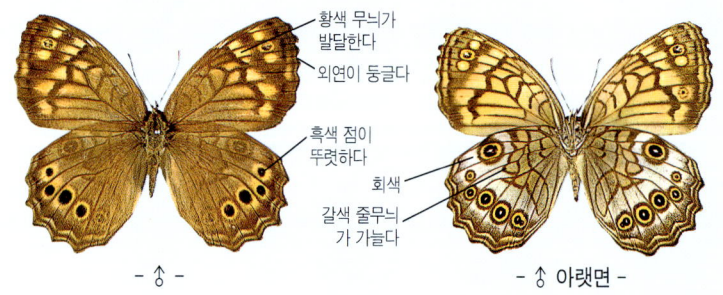

황색 무늬가 발달한다
외연이 둥글다
흑색 점이 뚜렷하다
회색
갈색 줄무늬가 가늘다

- ♂ -   　　　- ♂ 아랫면 -

〈 알락그늘나비 〉

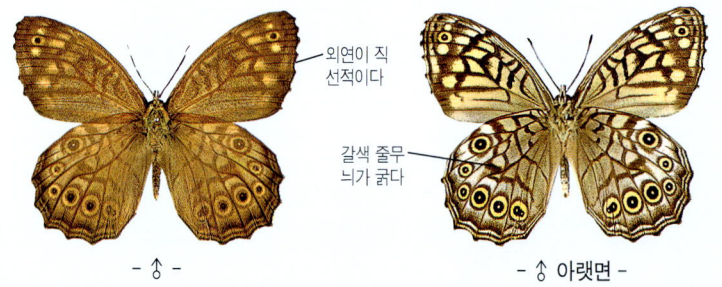

외연이 직선적이다
갈색 줄무늬가 굵다

- ♂ -   　　　- ♂ 아랫면 -

두 종의 더듬이 배면(背面)의 비교

부처나비와 부처사촌나비의 구별점

〈 부처나비 〉   〈 부처사촌나비 〉

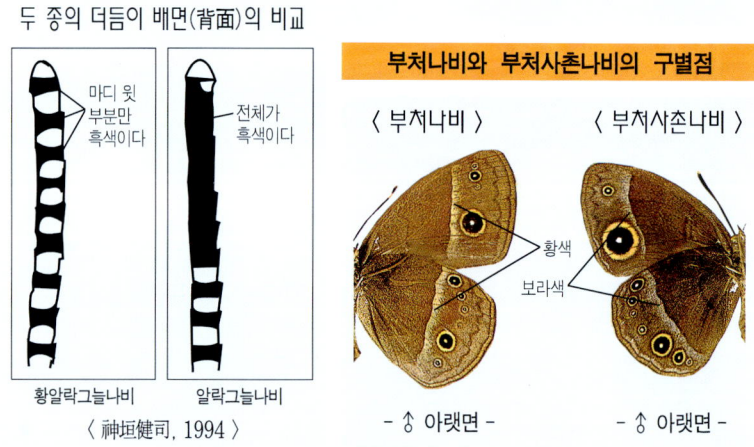

마디 윗부분만 흑색이다
전체가 흑색이다

황알락그늘나비   알락그늘나비

〈 神垣健司, 1994 〉

황색
보라색

- ♂ 아랫면 -   - ♂ 아랫면 -

먹그늘나비와 먹그늘나비붙이의 구별점

네발나비과

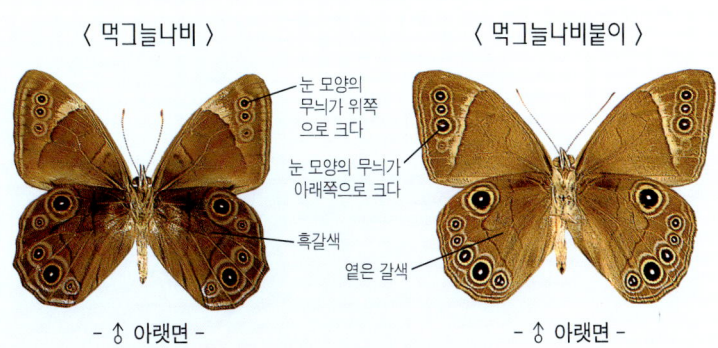

〈 먹그늘나비 〉　　　　〈 먹그늘나비붙이 〉

- 눈 모양의 무늬가 위쪽으로 크다
- 눈 모양의 무늬가 아래쪽으로 크다
- 흑갈색
- 옅은 갈색

- ♂ 아랫면 -　　　　- ♂ 아랫면 -

흰뱀눈나비와 조흰뱀눈나비의 구별점

〈 흰뱀눈나비 〉

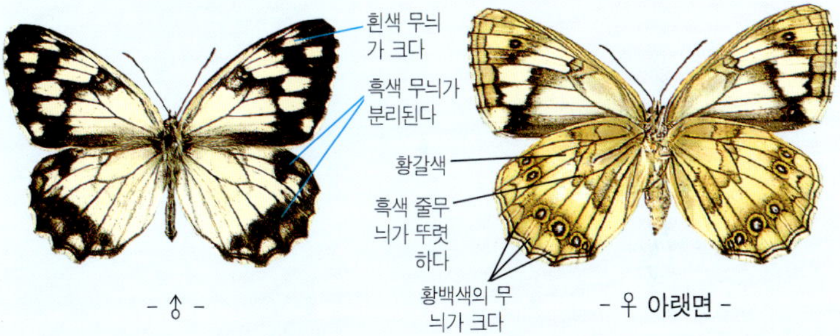

- 흰색 무늬가 크다
- 흑색 무늬가 분리된다
- 황갈색
- 흑색 줄무늬가 뚜렷하다
- 황백색의 무늬가 크다

- ♂ -　　　　- ♀ 아랫면 -

〈 조흰뱀눈나비 〉

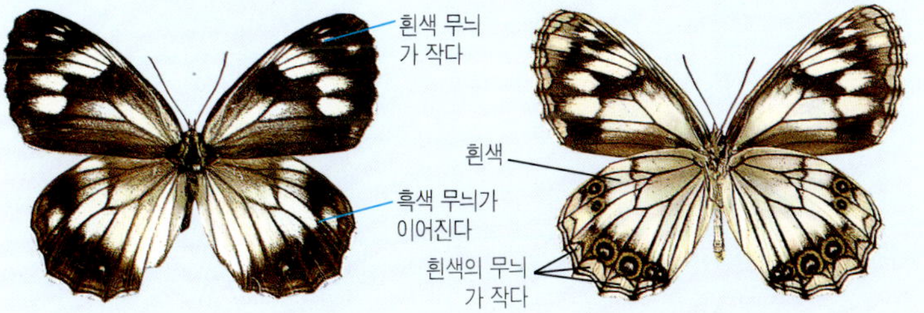

- 흰색 무늬가 작다
- 흰색
- 흑색 무늬가 이어진다
- 흰색의 무늬가 작다

- ♂ -　　　　- ♀ 아랫면 -

참산뱀눈나비와 함경산뱀눈나비의 구별점

팔랑나비과
Hesperiidae

팔랑나비과
Hesperiidae

크기는 소형이다. 대체로 날개에 비해 머리가 크고, 더듬이 밑 부분이 서로 떨어져 있으며 끝은 바깥쪽으로 구부러진 특징이 나타난다. 날개의 색은 다갈색, 흑색 등 어두운 색이 많다. 각종 꽃에 잘 모이고 축축한 습지에 잘 내려앉는다. 전세계에 3000종 이상이 알려져 있다. 우리 나라에는 3아과가 분포한다.

Pyrrhopyginae 남아메리카에 150종 이상이 분포한다.

Pyrginae(흰점팔랑나비아과) 전세계에 분포하며, 우리 나라에 10종이 알려져 있다.

Trapezitinae 파푸아 뉴기니와 오스트레일리아에 61종이 분포한다.

Hesperiinae(팔랑나비아과) 전세계에 넓게 분포하며 우리 나라에 20종이 알려져 있다.

Megathyminae 중앙 아메리카에 분포한다.

Coeliadinae(큰수리팔랑나비아과) 아프리카, 아시아의 열대에 분포하며 우리 나라에 3종이 분포한다.

줄점팔랑나비

돈무늬팔랑나비의 알

대왕팔랑나비의 집

알 아래가 편평하며 표면에 여러 개의 종조(縱條)가 나타난다. 색채는 백색, 유백색, 적색을 띤다. 암컷은 보통 한 개씩 알을 낳는데, 왕자팔랑나비는 자신의 배털로 알을 덮는 습성이 있다.

애벌레 대체로 몸에 돌기가 없는 원통형으로 머리는 흑색이고 회백색의 'ㅅ' 무늬가 나타난다. 대다수가 실을 내어 재봉질하듯 잎을 잘라 붙이거나 엮은 다음 그 속에서 지낸다.

번데기 가늘고 긴 원통형으로 머리 위쪽으로 뾰족한 돌기가 생기는 경우가 있다. 색채는 대체로 옅은 갈색을 띤다.

산줄점팔랑나비의 애벌레

왕자팔랑나비의 종령 애벌레

팔랑나비과

경기도 광릉 1995. 8. 10. ♂

173. 큰수리팔랑나비 *Bibasis striata* (Hewitson)

현재 경기도 광릉에서만 서식하는 아주 희귀한 나비이다. 주로 참나무 숲 주변에 살며, 오전 9시 이전이나 오후 6~7시경 이후에 참나무의 진에 모여서 즙을 빤다. 직선적으로 빠르게 날다가 서식지 주변의 나뭇잎 위에서 휴식하는 것 같다. 앞으로 이 나비의 유생기와 생태에 대한 자세한 연구가 기대된다.

분　　포 / 경기도 광릉
출 현 기 / 6월 하순~8월(연 1회 발생)
암수구별 / 암컷은 수컷에 비해 날개색이 짙다.

팔랑나비과

강원도 계방산 1991.6.30. ♂

강원도 계방산 1992.7.19. ♀

174. 독수리팔랑나비 *Bibasis aquilina* (Speyer)

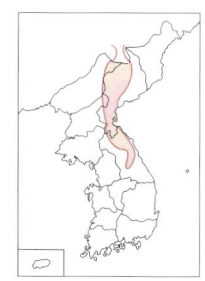

 산지성 나비로 강원도 산지에 집중적으로 분포하고 있다. 잡목림의 가장자리나 숲길 주변에 사는데, 한낮에는 잘 활동하지 않고 오후 늦게 활발하게 날아다닌다. 피나무, 개망초 등의 꽃에서 꿀을 빨며, 물가에서 물을 먹는 경우가 많은데, 이 때 배 끝에서 나오는 액체를 함께 먹는 습성도 나타난다.

 분　포 / 강원도 산지
 출 현 기 / 6월 하순~8월 초(연 1회 발생)
 암수구별 / 암컷은 앞날개 윗면에 흰색 점무늬가 발달한다.

341

팔랑나비과

전라남도 두륜산 1992.5.18. ♂

175. 푸른큰수리팔랑나비 *Choaspes benjaminii* (Guérin-Méneville)

　남쪽의 난대림이 혼재하는 잡목림 주변에 살며, 수컷은 산꼭대기나 숲 사이의 일정한 공간을 빠르게 왕복하여 나는 습성이 있다. 맑은 날에는 아침 일찍과 저녁 무렵에 활발하게 활동하고, 흐린 날에는 하루 종일 활동하는 것을 볼 수 있다. 흡밀식물로는 나무딸기, 아까시나무 등이 있고, 쇠똥이나 새똥에도 잘 모인다.

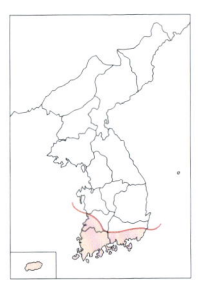

분　　포 / 전라도와 경상남도의 이남
출 현 기 / 봄형 5~6월 중순, 여름형 7월 말~8월(연 2회 발생)
식　　수 / 나도밤나무과(나도밤나무 · 합다리나무)
암수구별 / 암컷은 뒷날개 전연부와 외연부에 넓게 흑색 무늬가 발달한다.

경기도 주금산 1993.6.19. ♂   경기도 명지산 1991.6.2. ♀

176. 왕팔랑나비
Lobocla bifasciata (Bremer et Grey)

참나무 숲 주변이나 아까시나무가 있는 장소에서 살며, 아주 흔한 종이다. 수컷은 빙빙 원을 크게 그리는 모습으로 활발하게 날며, 암수 모두 꿀풀, 엉겅퀴, 개망초, 아까시나무 등의 꽃에서 꿀을 빤다. 암컷은 어두운 그늘 사이로 천천히 날면서 식초의 잎 뒷면에 공 모양의 알을 한 개씩 낳는다. 월동은 애벌레로 한다.

- **분   포** / 남한 각지(제주도 제외)
- **출 현 기** / 5월 하순~7월 초(연 1회 발생)
- **식   초** / 콩과(풀싸리 · 칡 · 아까시나무)
- **암수구별** / 수컷은 앞날개 전연부의 접혀 있는 안쪽 부분의 색이 황갈색이다.

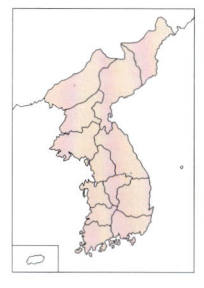

팔랑나비과

강원도 광덕산 1995. 7. 19. ♀

177. 대왕팔랑나비
Satarupa nymphalis (Speyer)

팔랑나비과 나비로는 대형으로 산지성을 띠어 주로 강원도 산간 지역에 많은데, 황벽나무가 있는 계곡 주변에 산다. 물가에서 물을 먹거나 흰색인 큰까치수영, 쉬땅나무 등의 꽃에서 꿀을 빤다. 수컷은 산꼭대기의 나뭇잎 위에 앉아 점유행동을 하고, 암컷은 황벽나무의 잎 앞면에 1~5개의 알을 낳는다. 애벌레는 잎을 잘라 삼각형으로 접고 자신이 토해 낸 실로 엮어 그 속에서 지내며, 잎을 먹을 때에만 그 집에서 나온다. 월동은 애벌레로 한다.

분 포 / 35°이북(도서 지방 제외)
출 현 기 / 6월 하순~8월(연 1회 발생)
식   수 / 운향과(황벽나무)
암수구별 / 암컷은 수컷에 비해 큰데 더 확실히 구별하려면 배 끝을 확인하는 것이 좋다.

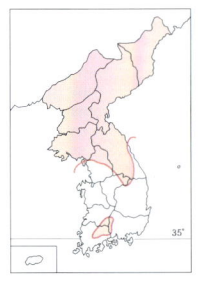

팔랑나비과

경기도 주금산 1993. 6. 27. ♂

강원도 광덕산 1995. 7. 29. ♀

경기도 화야산 1993.5.16. ♂

178. 왕자팔랑나비 *Daimio tethys* (Ménétriès)

낮은 산지의 초지와 마을 주변에 산다. 제주도에서 채집되는 개체들은 육지산보다 뒷날개의 흰색 띠의 폭이 더 넓다. 수컷은 엉겅퀴, 개망초 등의 꽃에서 날개를 펴고 앉아 꿀을 빨고, 저녁 무렵 강하게 점유행동을 한다. 암컷은 식초 잎 앞면에 알을 한 개씩 낳는데, 이 때 배의 털로 알을 덮는 습성이 있다. 애벌레는 식초의 잎을 잘라 덮고 그 속에서 지내다가 그대로 월동한다.

- **분　　포** / 남한 각지
- **출 현 기** / 5월 중순~8월 (연 2회 발생)
- **식　　초** / 마과 (마 · 단풍마)
- **암수구별** / 암컷은 수컷에 비해 큰데, 더 확실히 구별하려면 배 끝을 확인하는 것이 좋다.

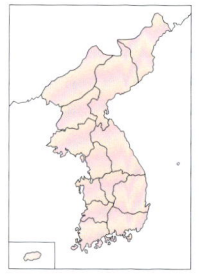

제주도 안덕계곡 1991.5.10. 교미

강원도 쌍룡 1997.5.5. ♂

팔랑나비과

팔랑나비과

경기도 광릉 1995.5.8. ♀

179. 멧팔랑나비 *Erynnis montanus* (Bremer)

초봄에 산지에서 볼 수 있는 나비로 숲이 우거진 곳보다 탁 트인 곳에 더 많다. 줄딸기, 제비꽃, 고추나무 등의 꽃에 모여 꿀을 빠는데, 이 때 날개를 펴고 앉았다가 오래 머물지 않고 곧 다른 꽃으로 이동한다. 수컷은 습지에 모이거나 돌 위에서 일광욕을 한다. 암컷은 주로 넓게 탁 트인 곳에 위치한 참나무의 어린 잎에 공 모양의 알을 한 개씩 낳는데, 알의 색깔이 처음에는 엷은 황색이나 곧 적갈색으로 변한다. 애벌레는 잎을 싸서 그 속에서 지내고 애벌레 상태로 월동하는데, 잎 자체가 땅 위로 떨어진다.

분 포 / 남한 각지(제주도 제외)
출 현 기 / 4~5월(연 1회 발생)
식 수 / 참나무과(떡갈나무)
암수구별 / 암컷은 앞날개 중앙에 흰색 띠가 발달한다.

팔
랑
나
비
과

경기도 화야산 1994. 5. 6. ♂

경기도 주금산 1995. 5. 26. ♀

팔랑나비과

강원도 쌍룡 1996.4.19. ♂

180. 꼬마흰점팔랑나비 *Pyrgus malvae* (Linnaeus)

낮은 산지나 경작지 주변에 살며, 솜방망이, 민들레꽃에 잘 모인다. 일 년에 1회 출현하여 2회 출현하는 흰점팔랑나비보다 산지성을 보인다. 맑은 날에는 돌이나 풀 위에 앉아 일광욕을 하거나 낮게 날아다니고, 흐린 날에는 거의 날아다니지 않는다. 보통 날개를 수평으로 펴고 앉는데, 햇빛이 강하면 날개를 약간 접는다.

분　포 / 남한 각지(도서 지방 제외)
출 현 기 / 4-5월(연 1회 발생)
암수구별 / 수컷은 앞날개 전연부의 접혀 있는 곳이 황갈색을 띤다.

팔랑나비과

강원도 쌍룡 1990.5.5. ♂

강원도 쌍룡 1990.5.13. ♂

팔랑나비과

경기도 현리 1995.8.12. 여름형 ♀,♂

181. 흰점팔랑나비 *Pyrgus maculatus* (Bremer et Grey)

꼬마흰점팔랑나비와 섞여 사는 경우가 많으나 분포 범위는 훨씬 넓다. 제 1화 개체들은 출현하는 시기가 꼬마흰점팔랑나비보다 일 주일 정도 늦다. 솜방망이, 민들레, 양지꽃에서 꿀을 빨며, 습지에 모여 물을 먹기도 한다. 암컷은 따뜻한 날에 충분히 꿀을 빨고, 땅 위를 낮게 날아다닌다.

분　　포 / 남한 각지
출 현 기 / 봄형 4~5월, 여름형 7월 중순~8월(연 2회 발생)
암수구별 / 수컷은 앞날개 전연부의 접혀 있는 곳이 황갈색을 띤다.

팔랑나비과

제주도 안덕계곡 1995. 7. 25. 여름형 ♂

강원도 쌍룡 1996. 4. 19. 봄형 ♂

팔랑나비과

강원도 계방산 1995.6.7. 봄형 ♀

182. 은줄팔랑나비
Leptalina unicolor (Bremer et Grey)

낮은 산지의 하천, 습지 등에 사는데, 점점 희귀해지고 있다. 수컷은 낮게 톡톡 튀듯이 풀과 풀 사이를 날아다니며, 햇빛이 강할 때 날개를 펴고 일광욕을 한다. 앉을 때에는 대부분 날개를 접기 때문에 날개 아랫면의 은백색 무늬가 눈에 띈다. 봄형은 날개 아랫면의 은백색 띠가 뚜렷하나 여름형은 그렇지 않다.

분 포 / 남한 각지(도서 지방 제외)
출 현 기 / 봄형 5~6월, 여름형 7월 중순~8월(연 2회 발생)
암수구별 / 암컷은 수컷에 비해 크고 배도 비대하다.

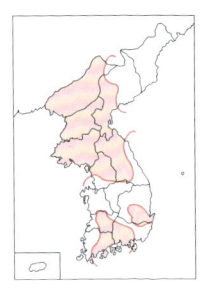

강원도 계방산 1995.5.20. ♂   강원도 계방산 1995.5.20. ♀

183. 수풀알락팔랑나비
Carterocephalus silvicola (Meigen)

해발 1000m 이상의 높은 산지에 살며 엉겅퀴, 토끼풀 등의 꽃에 모여 꿀을 빤다. 주로 맑은 날에 활동하며, 풀잎 위에서 일광욕을 할 때가 많다. 수컷은 수풀 사이의 공간을 활발하게 날아다니고, 암컷은 다소 활동이 둔한 편으로 천천히 날아다니다가 식초의 잎 뒷면에 알을 한 개씩 낳는다. 부화한 애벌레는 잎을 세로로 둥글게 구부려 그 속에서 지낸다. 애벌레로 월동한다.

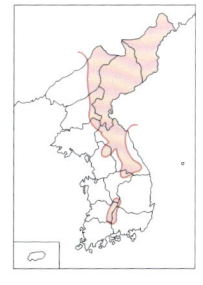

분   포 / 지리산 이북(도서 지방 제외)
출 현 기 / 5~6월 초(연 1회 발생)
식   초 / 벼과(기름새)
암수구별 / 암컷은 날개 윗면의 흑색 부분이 발달한다.

팔랑나비과

강원도 광덕산 1996. 6. 5. ♂

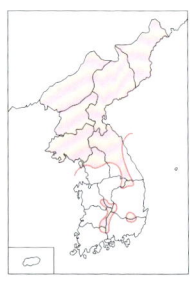

184. 참알락팔랑나비
Carterocephalus dieckmanni (Graeser)

높은 산지의 양지바른 초지에 살며 흔한 종이다. 수컷은 물가에 와서 물을 빨기도 하며 개망초, 엉겅퀴 등의 꽃에 잘 모인다. 또 오전 중 햇빛이 강하게 비치면 낮은 풀 위에서 날개를 완전히 펴고 점유행동을 한다.

분　　포 / 지리산 이북(도서 지방 제외)
출 현 기 / 5~6월 초(연 1회 발생)
식　　초 / 벼과(기름새)
암수구별 / 암컷은 수컷에 비해 크고 배도 비대하다.

강원도 화천 1996. 6. 9. ♂

팔랑나비과

경기도 주금산 1991.6.16. ♀   경기도 주금산 1994.6.5. ♀

185. 돈무늬팔랑나비
Heteropterus morpheus (Pallas)

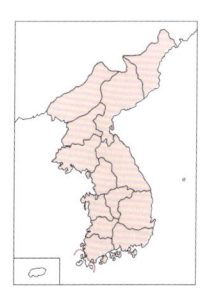

산에 접해 있는 초지, 밭 또는 습지 주변에 살며 간혹 산림 안의 벌채된 장소에서도 볼 수 있다. 날 때에는 톡톡 튀듯이 날다가 풀 위에 날개를 접고 앉는데, 햇빛이 강하게 비치면 날개를 펴고 일광욕을 하며 개망초, 조뱅이 등의 꽃에서 꿀을 빤다. 암컷은 천천히 날다가 식초의 잎 뒷면에 알을 한 개씩 낳는다. 애벌레로 월동한다.

분　　포 / 남한 각지(제주도 제외)
출 현 기 / 5~8월(연 2회 발생)
식　　초 / 벼과(기름새)
암수구별 / 암컷은 수컷에 비해 크고 배도 비대하다.

357

팔랑나비과

강원도 양구 1996. 8. 10. ♂

186. 파리팔랑나비
Aeromachus inachus (Ménétriès)

나무가 적은 숲 가장자리나 하천 주변에 살며, 작고 빠르게 날기 때문에 한 번 날아가면 찾기 힘들다. 대부분 날개를 접고 앉으나 햇빛이 강하면 뒷날개를 반쯤 펴고 앉는다. 이 때 주변의 다른 개체가 영역 내로 들어오면 그 뒤를 쫓았다가 다시 제자리로 돌아온다. 수컷은 물을 빨기 위하여 습지에 모이며, 개망초꽃에서 꿀을 빤다.

분 포 / 남한 각지(제주도 제외)
출 현 기 / 경기도 북부와 강원도에서는 6월 초순~7월, 그 밖의 지역에서는 6~7월, 8~9월(연 1~2회 발생)
암수구별 / 암컷은 수컷에 비해 날개가 둥글다.

팔랑나비과

경기도 주금산 1990. 7. 17. ♂

187. 지리산팔랑나비
Isoteinon lamprospilus C. et R. Felder

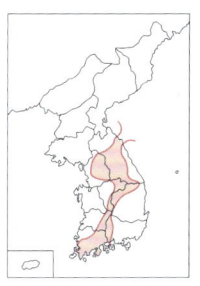

강원도 방대산 1990. 7. 30. ♂

  수림 내의 넓은 빈터, 계곡과 계곡이 만나는 장소, 밭과의 경계가 되는 곳에 살며 개체수는 적은 편이다. 엉겅퀴, 큰까치수영, 조이풀 등의 꽃에서 꿀을 빨며, 수컷은 물가에서 물을 빨기도 하고 가끔 날개를 반쯤 편 상태로 약하게 점유행동을 한다.

  분　포 / 남한 각지(충청남도, 도서 지방 제외)
  출 현 기 / 7~8월 중순(연 1회 발생)
  암수구별 / 암컷은 수컷보다 크고 배도 비대하다.

팔랑나비과

강원도 광덕산 1993.8.29. ♂

188. 줄꼬마팔랑나비
Thymelicus leoninus (Butler)

수풀꼬마팔랑나비와 섞여 사는 경우가 많다. 대부분 발생지를 벗어나지 않고 그 주변의 개망초, 큰까치수영, 갈퀴나물 등의 꽃에서 꿀을 빤다. 수풀꼬마팔랑나비보다 약간 발생 시기는 늦으나 습성은 매우 비슷하여 두 종의 구별이 대단히 어렵다.

분　　포 / 지리산 이북
출 현 기 / 6월 하순~8월(연 1회 발생)
암수구별 / 수컷은 앞날개 중실 아래로 선 모양의 흑색 성표가 있다.

팔랑나비과

강원도 광덕산 1993. 8. 29. ♂

팔랑나비과

경기도 천마산 1992.8.5. ♂

189. 수풀꼬마팔랑나비
Thymelicus sylvaticus (Bremer)

평지에서 높은 산지까지 넓게 분포하는 나비로 아주 흔하다. 엉겅퀴, 큰까치수영, 타래난초 등의 꽃에서 꿀을 빨며, 수컷은 습지에 집단으로 모이기도 한다. 또 수컷은 점유행동을 주로 아침에 맑을 때에 한해서 하는 경향이 있다. 가끔 암컷은 날개를 반쯤 펴고 흔드는 모습으로 교미를 거부한다.

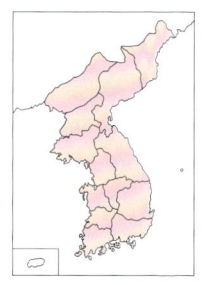

분　　포 / 남한 각지(제주도 제외)
출 현 기 / 6월 하순~8월(연 1회 발생)
식　　초 / 벼과(기름새)
암수구별 / 배 끝을 확인하는 것이 좋다.

팔랑나비과

제주도 한라산 1990. 8. 1. ♂

강원도 쌍룡 1990. 8. 15. ♂

190. 꽃팔랑나비
Hesperia florinda Butler

 높은 산지의 양지바른 초지나 숲 가장자리에 살기 때문에 한라산 정상 부근이나 강원도 산지에서 볼 수 있다. 7월 말에 출현하는데 유사종보다 늦게 발생한다. 갈퀴나물, 엉겅퀴, 큰까치수영 등의 꽃에서 꿀을 빨며, 물가나 쇠똥에도 잘 모인다. 수컷은 칡잎 위에서 일광욕을 하기도 한다.

분 포 / 경기도, 강원도, 지리산 일부와 제주도
출현기 / 7월 하순~8월(연 1회 발생)
암수구별 / 수컷은 앞날개 중실 아래로 선 모양의 흑색 성표가 있는데, 그 안에 흰색 무늬가 나타난다.

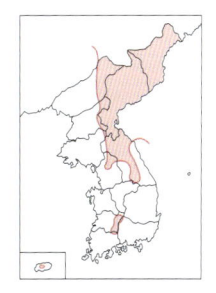

팔랑나비과

강원도 광덕산 1995. 7. 19. ♀

191. 수풀떠들썩팔랑나비
Ochlodes venatus (Bremer et Grey)

주로 높은 산지의 초원이나 밭 주변에 살며, 개체수는 많은 편이다. 갈퀴나물, 큰까치수영, 엉겅퀴 등의 꽃에서 꿀을 빨며, 수컷은 습지나 새똥 등에 잘 모인다. 수컷의 날개 윗면의 색이 경기도의 낮은 산지에서는 어두워지고, 강원도나 제주도의 높은 산지에서는 밝은 황색을 띠는 경향이 있다.

분　　포 / 남한 각지
출 현 기 / 6월 중순~8월 초(연 1회 발생)
식　　초 / 벼과 (왕바랭이)
암수구별 / 수컷은 앞날개 중실 아래로 선 모양의 흑색 성표가 있다.

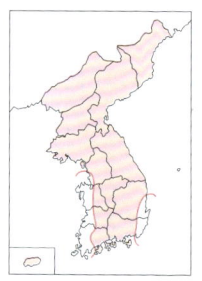

팔랑나비과

강원도 가리왕산 1992.7.29. ♂

경기도 주금산 1987.7.1. ♂

팔랑나비과

강원도 쌍룡 1990.7.1. ♂

192. 유리창떠들썩팔랑나비
Ochlodes subhyalina (Bremer et Grey)

산지나 마을, 경작지 주변의 초지에 사는 아주 흔한 나비이다. 고삼, 갈퀴나물, 타래난초, 자귀나무 등의 꽃에 모여 꿀을 빤다. 수컷은 물가나 새똥이 있는 장소에 잘 모이며, 오후 늦게 여러 마리가 한꺼번에 이리저리 날아다니면서 점유행동을 보인다.

분　　포 / 남한 각지
출 현 기 / 6월 중순~8월 초(연 1회 발생)
암수구별 / 수컷은 앞날개 중실 아래로 선 모양의 흑색 성표가 있다.

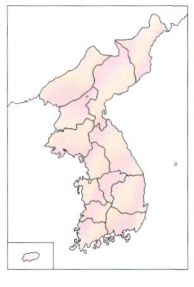

팔랑나비과

서울 반포동 1994. 6. 26. ♂

팔랑나비과

제주도 한라산 1992. 7. 26. ♂

강원도 계방산 1990. 7. 15. ♀

193. 검은테떠들썩팔랑나비
Ochlodes ochraceus (Bremer)

대체로 산지성을 띠나 지역에 따라 낮은 지대에도 산다. 초지나 계곡 주변에서 활발히 날아다니다가 큰까치수영, 개망초, 엉겅퀴 등의 꽃에서 꿀을 빤다. 수컷은 맑은 날 풀 위에 날개를 반쯤 펴고 앉아 있으며, 가끔 습지에서 물을 먹기도 한다.

분 포 / 남한 각지
출 현 기 / 6월 중순~7월(연 1회 발생)
식 초 / 벼과(큰기름새)
암수구별 / 수컷은 앞날개 중실 아래로 선 모양의 흑색 성표가 있다.

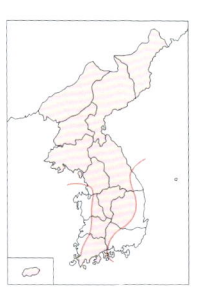

경기도 죽엽산 1993.7.6. ♂

경기도 천마산 1991.6.30. ♂

194. 황알락팔랑나비
Potanthus flavus (Murray)

평지에서 낮은 산지에 이르는 초지나 산길 등에 많이 산다. 큰까치수영, 개망초, 갈퀴나물 등의 꽃에서 꿀을 빨며, 풀 사이를 빠르게 날아다닌다. 앞날개를 반쯤 펴고 잎 위에 앉아 일광욕을 하고, 습지나 오물에도 날아와 앉는다.

- **분 포** / 남한 각지
- **출 현 기** / 내륙에서는 6월 중순~7월(연 1회 발생), 제주도에서는 8월 중순~9월 중순(연 2회 발생)
- **암수구별** / 암컷은 날개가 둥글어 보이고 폭이 넓다.

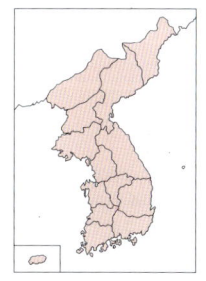

팔랑나비과

강원도 오대산 1996.8.1. ♀

195. 산팔랑나비
Polytremis zina (Evans)

강원도 방태산 1990.7.30. ♂

서식지는 주로 평지에서 높은 산지의 초원으로 특히 억새가 많은 곳에 살며 개체수가 적어서 채집하기가 어렵다. 큰까치수영꽃에서 꿀을 빨고, 풀 위에 앉아 쉴 때에는 앞날개를 반쯤 펴고 앉는다.

분　　포 / 남한 각지(제주도 제외)
출 현 기 / 7~8월(연 1회 발생)
암수구별 / 암컷은 날개폭이 넓고 날개의 흰색 무늬도 크다.

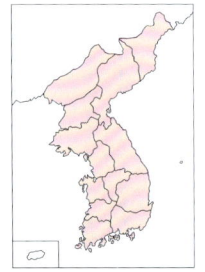

370

팔랑나비과

제주도 안덕계곡 1991. 5. 18. ♂

196. 제주꼬마팔랑나비
Pelopidas mathias (Fabricius)

제주도와 남해안의 초지나 해변가에 인접한 풀밭에 사는데, 가끔 서식지에서 멀리 이동하는 경우도 있다. 출현기에 서식지에서 떨어진 수림 속의 양지바른 장소에 가도 쉽게 만날 수 있다. 암수 모두 각종 꽃에 모여 꿀을 빨고, 수컷은 맑은 날 오전에 초지에서 일광욕을 하거나 점유행동을 하며, 바위 위의 새똥과 습지에 잘 모인다.

분 포 / 남해안과 제주도
출 현 기 / 5~11월(연 3회 발생)
암수구별 / 수컷은 앞날개 윗면의 중실 밑에 선 모양의 성표가 있다.

제주도 안덕계곡 1996. 7. 23. ♀

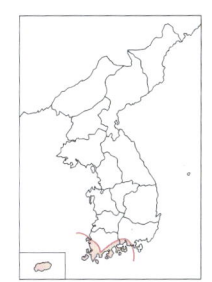

371

인천 영종도 1993.8.12. ♂ (이영준 제공)

197. 산줄점팔랑나비
Pelopidas jansonis (Butler)

보통 산기슭이나 양지바른 초지에 살며, 개체수는 많은 편이고 제 1화 개체는 봄에 발생한다. 맑은 날 수컷은 마른 풀이나 나뭇가지 위에 앉아 날개를 반쯤 편 상태로 점유행동을 하는데, 이 때 여러 마리가 어우러져 이리저리 몰려다닌다. 애벌레는 가을에 참억새의 잎을 말아 그 속에서 지내다가 번데기가 되어 월동하는 것으로 추정된다.

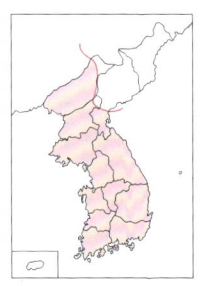

- **분　　포** / 남한 각지(제주도 제외)
- **출 현 기** / 4월 하순~8월(연 2회 발생)
- **식　　초** / 벼과(참억새)
- **암수구별** / 암컷은 날개폭이 넓고 날개의 흰색 무늬도 크다.

팔랑나비과

경기도 청계산 1992.5.24. ♂ (이영준 제공)

경기도 주금산 1997.5.31. ♂

팔랑나비과

경기도 광릉 1993.10.2. ♂

198. 줄점팔랑나비
Parnara guttata (Bremer et Grey)

주로 마을이나 하천 주변에 많이 산다. 경기도나 강원도에서는 제 1화의 개체를 거의 볼 수 없으나, 가을이 되면 제 2~3화의 개체수가 많아지는 것으로 보아 이 곳에서의 월동은 어려운 것으로 보인다. 아마 봄에 남쪽에서 이동해 온 것들이 가을에 많이 발생하는 것 같다. 국화, 메밀, 고마리 등 각종 꽃에서 꿀을 빨고, 가끔 많이 발생하여 식초인 벼에 피해를 주기도 한다.

분　　포 / 남한 각지
출 현 기 / 5월 하순~11월(연 2~3회 발생)
식　　초 / 벼과(벼)
암수구별 / 암컷은 날개폭이 넓고 날개의 흰색 무늬도 크다.

팔랑나비과

전라남도 무등산 1991.10.6. ♂

팔랑나비과

큰수리팔랑나비와 독수리팔랑나비의 구별점

왕팔랑나비의 암수 구별점

꼬마흰점팔랑나비와 흰점팔랑나비의 구별점

팔랑나비과

〈 꼬마흰점팔랑나비 〉　　〈 흰점팔랑나비 〉

- 적갈색
- 흰색 점이 흩어져 나타난다
- 흰색 띠가 뚜렷하다

- ☿ 아랫면 -　　- ☿ 아랫면 -

줄꼬마팔랑나비와 수풀꼬마팔랑나비의 구별점

〈 줄꼬마팔랑나비 〉

- 흑색 성표가 있다
- 흑색 무늬의 폭이 일정하다

- ♂ -　　- ♀ -

〈 수풀꼬마팔랑나비 〉

- 흑색 무늬의 폭이 아래로 내려가면서 넓어진다
- 성표가 나타나지 않는다

- ♂ -　　- ♀ -

팔랑나비아과의 구별점 - ❶

〈 꽃팔랑나비 〉

성표 속에 흰색 무늬가 나타난다

- ♂ -
- ♂ 아랫면 -

옅은 녹색이 나타나는 황갈색이다

- ♀ -
- ♀ 아랫면 -

〈 수풀떠들썩팔랑나비 〉

성표가 검다

- ♂ -
- ♂ -

주황색 무늬가 크고 투명하지 않다

- ♂ 아랫면 -
- ♀ -
- ♀ 아랫면 -

팔랑나비아과의 구별점 - ❷

〈 유리창떠들썩팔랑나비 〉

성표 속에 흰색 무늬가 약하게 나타난다

유리창 같은 투명한 막질이 나타난다

- ♂ -

- ♂ 아랫면 -

- ♀ -

황갈색 점이 약하게 나타난다

- ♀ 아랫면 -

〈 검은테떠들썩팔랑나비 〉

흑색 띠의 폭이 넓다

성표가 굵고 직선적이다

- ♂ -

- ♂ 아랫면 -

흑색 띠가 발달한다

- ♀ -

- ♀ 아랫면 -

팔랑나비아과의 구별점 - ❸

〈 황알락팔랑나비 〉

- 황색 무늬가 크게 발달한다
- 흑색 띠의 폭이 넓다
- 흑색 점이 나타난다

배 끝의 형태에 따른 팔랑나비과 암수 구별

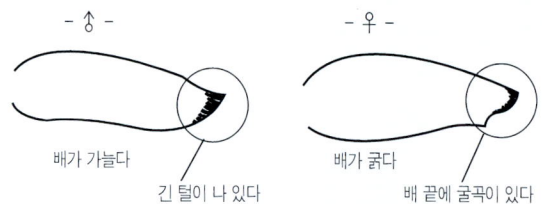

- ♂ - 배가 가늘다 / 긴 털이 나 있다
- ♀ - 배가 굵다 / 배 끝에 굴곡이 있다

산팔랑나비 · 제주꼬마팔랑나비 · 산줄점팔랑나비 · 줄점팔랑나비의 구별점

팔랑나비과

〈 산팔랑나비 〉

- ♂ -

흰색 점 무늬가 지그재그로 나타난다

- ♂ 아랫면 -

〈 제주꼬마팔랑나비 〉

흰색 무늬가 작다

흰색 줄무늬의 성표가 있다

- ♂ -

- ♂ 아랫면 -

〈 산줄점팔랑나비 〉

흰색 무늬가 크게 발달한다

흰색 점이 있다

- ♂ -

- ♂ 아랫면 -

〈 줄점팔랑나비 〉

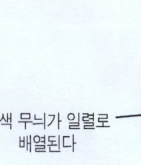

흰색 무늬가 일렬로 배열된다

- ♂ -

- ♂ 아랫면 -

부 록

나비 관찰에 앞서서 · 384
생태 사진 찍는 법 · 388
표본 제작과 보관 · 394
나비와 나방의 비교 · 397
한국산 나비의 분포형 · 398
한국산 나비의 분류표 · 402
미접(迷蝶) · 414
주변에 흔한 나비의 흡밀식물 · 419
나비의 천적 · 420
나비와 자연 보호 · 421
생태 용어 해설 · 423
종명 찾아보기 · 427
한국명 찾아보기 · 432
참고 문헌 · 436

나비 관찰에 앞서서

현대인들은 가끔 자연을 찾아보고 싶을 때가 있다. 이를 위해 휴일마다 자동차 홍수를 무릅쓰고 야외로 나가 푸른 자연 속에 안기려 한다. 평소 쉽게 접할 수 없었던 자연을 한껏 음미할 수 있어 좋고, 특히 아름답게 피어 있는 꽃 사이로 날아다니는 나비를 보면 누구든 어릴 적 동심으로 돌아가게 될 것이다.

나비의 세계를 좀더 자세히 관찰하려면 산과 들로 자주 나가 자연을 자주 접하다 보면 곳곳의 흔한 볼 거리 외에도 뜻하지 않았던 새로운 사실을 알게 될 것이다. 대개 일반인들은 나비에 대해 열심히 연구하지 않으면 나비를 알기 어려울 것이라고 생각한다. 그러나 조금만 주의를 기울여 차근차근 관찰하다 보면 의외로 쉽고 재미있게 나비를 이해할 수 있을 것이다.

준비물

나비 관찰을 위해서는 먼저 채집하는 도구를 잘 갖추어야 한다. 채집 도구는 포충망(직경 50cm 이상)과 포충망 대, 삼각통, 삼각지(유산지를 삼각형으로 접은 것), 핀셋이 필수적이다. 보통 시중에 나와 있는 제품이 정교하지 않으므로 전문가의 도움을 받거나 스스로 제작하여 사용하는 것이 좋다. 그 밖에 노트, 필기 도구, 뚜껑에 작은 구멍을 낸 비닐 통, 지도, 소형 가위, 테이프, 휴대용 가방 등을 준비한다. 이 도구들은 주로 몸이나 배낭에 지녀야 하므로 되도록 가볍고 튼튼한 것이 좋다. 특히 산에서는 포충망을 제외한 다른 도구들은 손으로 들고 다니는 것을 피하는 것이 좋다. 왜냐 하면 자신도 모르는 사이에 분실하는 경우가 많기 때문이다(**그림 1**).

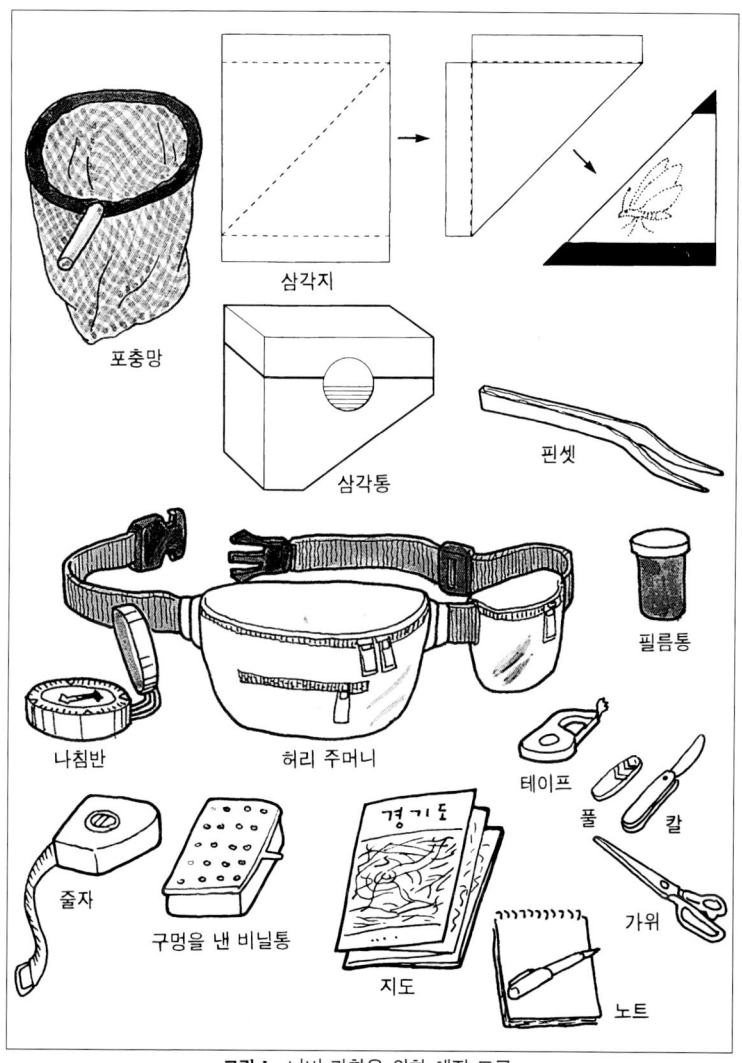

그림 1. 나비 관찰을 위한 채집 도구

옷차림

 채집을 나갈 때에는 복장이 간편할수록 좋은데, 간혹 나비를 쫓느라 넘어지거나 예리한 풀에 맨살이 쓸리는 때가 있다. 이를 예방하기 위해서는 소매가 긴 옷을 입어야 하는데, 대체로 등산복 차림으로 다니면 무난할 것으로 보인다. 또 채집 기회가 많은 여름철에는 뜻하지 않게 비가 내릴 때가 있다. 이럴 경우 애써 채집한 채집품이 젖어서 못 쓰게 될 수 있으므로, 이 때를 대비하여 우비를 챙기는 것을 잊지 말아야 한다. 한편, 아침 일찍 채집할 때에는 바지가 이슬에 젖기 쉬우므로 무릎 이하가 방수가 되는 바지를 입거나 장화를 신는 것이 좋은데, 장화는 위험한 뱀도 피할 수 있는 장점이 있어 꽤 편리하다. 신발은 가볍고 밑창이 두꺼울수록 발의 피로감을 덜어 준다.
 때때로 채집을 하다 보면 산 정상이나 능선을 올라가야 하므로 더운 경우가 있다. 이 때 모자를 쓰면 더위와 강한 햇빛을 동시에 피할 수 있는 장점이 있는데, 챙이 너무 큰 모자를 선택하면 오히려 채집자의 시야가 좁아져 채집하기 어려운 경우가 많다. 되도록 개인 취향대로 적절한 것을 선택하여 사용하는 것이 좋다.

기록하는 방법

 야외에서 그때 그때의 날씨, 채집 시간, 채집지 환경, 암컷의 산란 행동, 산란 위치 등 중요한 사항을 나중에 적으려면 잘 잊어버리거나 정확하게 기억이 나지 않는 경우가 많다. 그러므로 작은 노트와 펜을 지니고 다니면서 즉시 메모해 두면 나중에 좋은 자료로 이용할 수 있다. 특별한 것은 카메라로 촬영하고 데이터를 기록하여 두면 더욱 정확한 자료가 된다. 조사 노트에는 연락처를 써 넣어 만약의 분실에 대비하도록 한다. 독자들의 이해를 돕기 위하여 필자들이 사용하는 조사 용지를 여기에 소개한다.

1994년 6월 6일	동행자 : 주재성, 최세웅
조사 지역 : 강원도 오대산 상원사 주변	조사지 환경 : 잡목림이 울창함. 특히, 전나무림이 발달 (상원사 입구 도로 확장 공사 진행중)

시간	날씨	기록 내용 :
9:00 ~ 12:00	맑음	· 산꼬마표범나비의 서식처 발견 개체수는 많지 않으나 어렵지 않게 양지쪽에서 발견됨. (암컷이 고사리 마른 잎에 한 개씩 산란) 알의 색 → 연한 미색 · 사향제비나비 암컷의 흡수 행동 관찰 (날개를 편 상태임.) * 그 밖에 관찰된 종 목록 어리세줄나비 1♀, 애기세줄나비 3♂, 1♀, 멧팔랑나비 1♀, 산네발나비 1♀, 제비나비와 산제비나비 다수, 외눈이지옥사촌나비 다수, 수풀알락팔랑나비 다수, 범부전나비 3♂, 줄흰나비 다수, 작은주홍부전나비 3♂, 푸른부전나비 다수

특기 사항: 채집지에서 오후 1시에 출발하여 하진부에서 다시 서울행 직행 버스를 타는데, 연휴 마지막날이라 시간이 많이 소요됨. (조금 일찍 출발해야겠음.)

조사 용지의 예

생태 사진 찍는 법

나비를 주대상으로 생태 사진을 찍으려면 기본적으로 많은 시간을 야외에서 보내야 하며, 카메라의 파인더를 자주 들여다보는 자세가 필요하다. 꽃에 앉아 열심히 꿀을 빤다거나 물을 빨아먹는 모습 등을 파인더를 통해 본다면 틀림없이 그 아름다움에 크게 매료될 것이다.

대개 일반인들은 카메라에 대한 지식이 없어 촬영하기 어려울 것으로 생각할지 모르지만, 최근 자동 카메라가 시판되고 성능이 뛰어난 매크로렌즈(macrolens)와 접사에 사용되는 여러 기구들이 시중에 나와 있으므로 그 기재들을 사용한다면 큰 기술 없이 촬영할 수 있다(그림 2).

나비의 촬영 목적은 아름다움을 쫓는다는 것보다 과학적인 기록으로 남긴다는 것이다. 그러므로 인위적으로 조작하여 나비를 찍으면 아주 부자연스럽고 생태 사진으로서의 가치도 떨어진다.

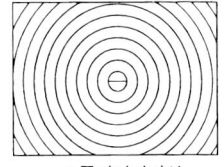
스플릿이미지식

카메라는 현재 시중에 흔한 렌즈를 통해 초점을 맞추는(TTL:through the lens) 35mm 일안리플렉스(SLR)로 선택하여 쓰면 되는데, 이 종류들은 가볍고 소형이므로 기동성이 뛰어난 장점이 있다. 그 밖에도 접사를 하는 데 필요한 기자재가 많고, 값도 비교적 저렴하다. 물론 중형 카메라인 필름 크기가 6×

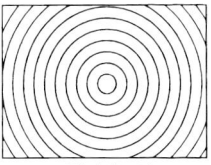
전면매트식

4.5, 6×6 또는 6×7cm형들도 있는데, 이것은 필름의 크기가 커 확대할 때 해상도가 뛰어난 점에서 단연 유리하다. 그러나 A4 용지 정도로 확대할 경우라면 소형이든 중형이든 큰 차이가 나지 않는다.

카메라 구입시 파인더의 스크린은 스플릿이미지(split image)식인데, 이것을 전면매트식으로 교체하기를 권한다. 왜냐 하면 전면매트식이 화면을 구성할 때 화면 어디든 초점맞추기가 편하기 때문이다.

이제 준비가 갖춰졌다면 언제든지 자연에 나가 나비와 접해 보자. 그러다 보면 자기 나름의 노하우가 자연스레 쌓일 것이다. 마지막으로 한 가지, 야외에서 풀 한 포기, 나무 한 그루라도 함부로 다루지 않고 아끼는 자세가 필요하다는 것을 잊지 말기를 당부한다.

그림 2. 나비 촬영을 위한 기재들

1. 초점맞추기

꽃에서 열심히 꿀을 빨아먹는 나비는 그다지 예민하지 않기 때문에 사진에 담기가 비교적 쉽다. 이 때 선명한 사진이 되도록 하기 위해서는 어떻게 해야 할까? 야외에서 나비가 날개를 접고 한자리에 가만히 앉아 있어 주면 쉽지만, 날개를 펴 이리저리 움직이는 경우에 초점맞추기란 결코 쉽지 않다. 사진 촬영의 가장 기본적인 작업은 초점맞추기이다. 그래서 초보자인 경우에는 나비가 무엇을 먹을 때와 같이 되도록 움직임이 없을 때를 기다려 찍도록 해 보자. 촬영의 핵심은 나비의 눈에 초점을 맞추는 것이다. 그래야만 가장 생동감이 넘치는 생태 사진이 된다. 차차 능숙해지면 움직이는 나비를 찍더라도 실수가 줄어들 것이다.

흔히 AF 카메라를 사용하면 자동으로 초점을 맞추어 손쉽긴 하지만, 화면 중앙(focusing zone)에만 초점이 맞아 피사계심도나 화면 구성상 좋은 사진을 기대하기 어렵다. 그러므로 수동 조작에 익숙하도록 노력하여야 한다.

야외에서 희귀한 나비를 발견하게 되면 채집을 먼저 할 것인가 아니면 사진에 먼저 담아 볼 것인가 잠깐 혼란에 빠진다. 필자들도 그런 경험이 꽤 많은데, 셔터 한 번 눌러 보지도 못하고 채집도 못한 채 날아가 버려 후회한 적이 종종 있다. 대개 둘 다 완성해 보려는 욕심 때문인데, 아예 처음부터 한 가지를 포기하는 것이 집중도가 높아질 것이다. 또 좋은 사진을 찍기 위해 나비를 찾아 돌아다니는 방법도 있으나 나비가 잘 모이는 장소, 즉 꽃이 피어 있는 곳이나 물가 등에 가만히 앉아 대기해 보는 방법도 있다.

2. 조리개 선택

같은 렌즈를 사용하여 나비를 찍어도 조리개를 선택하는 방법에 따라 아주 다른 사진으로 보이는 경우가 있다. 일반적으로 조리개를 개방하면 피사계심도가 얕아지고, 줄이면 피사계심도가 깊어져 초점이 맞는 범위가 넓어진다. 입체적인 나비의 모습을 완전히 담기 위해서는 조리개를 최대한 좁혀도 사실 좀 모자란다. 나비 촬영의 경우 최대한 조리개를 줄여 배경을 살리되 경우에 따라 불필요한 배경을 없애고 나비를 돋보이게 할 수도 있다. 그러나 피사계심도를 깊게 하기 위해 조리개를 줄이면 셔터 속도가 떨어지므로 움직이는 나비를 찍을 때 손떨림으로 인해 사진이 흐리게 된다는 것에 유념해야 한다.

3. 나비에 접근하는 요령

나비는 겹눈이어서 물체가 희미하게 보인다. 그래서 한 방향으로 똑바로 접근하는 것에 대해 반응이 무디나, 양 옆으로 위치를 변경하여 접근하면 예민하게 반응한다. 만약 나비에 접근하던 중 다른 각도로 촬영하는 것이 낫다고 판단되면 곧바로 옆으로 이동하지 말고 일단 접근했던 쪽으로 2m 가량 후퇴한 후 원하는 방향으로 이동하여 다시 접근하는 것이 좋다. 특히 점유행동을 하는 나비의 경우에는 앉기 전에 반드시 한두 바퀴 주위를 선회하는데, 이 때 촬영자가 움직이면 나비는 앉지 않고 날아가 버린다. 따라서 참고 기다렸다가 나비가 앉은 후에 천천히 다가가면 쉽게 사진에 담을 수 있을 것이다.

4. 렌즈의 선택

광각 렌즈로 촬영한 풀흰나비(충남 금강 1992. 9. 20.)

매크로렌즈는 최단 초점 거리가 짧은 렌즈로 접사에 편리하다. 대부분 무한 거리에서 최대한 접근하면 화면의 1/2 또는 같은 배율까지 찍을 수 있다. 일반적으로 가장 적당한 렌즈는 90-105mm급 매크로렌즈이다. 50mm급은 나비에 좀 더 가까이 접근해야 하는 단점이 있는데, 100mm급은 더 떨어져서 찍어도 되기 때문에 사용하기 편하다.

한편, 24mm급 이하의 초광각 렌즈를 사용하여 나비를 찍으면 보통의 매크로렌즈와 다른 분위기를 주는 사진을 찍을 수 있다. 즉, 배경이 넓어지고 자연감을 보다 많이 살릴 수 있는 장점이 있다. 다만 찍을 때 나비에 25cm 정도까지 접근해야 하는 수고를 감수하여야 한다. 이 때 되도록 피사계심도를 깊게 하여 화면 전체가 초점이 맞는 팬포커스(pan-focus)의 사진을 만들도록 하면 좋다.

5. 기타 기재

클로즈업 렌즈(Close-Up Lens)   카메라 렌즈 앞에 붙여 접사가 가능하도록 하는 렌즈로 보통 3개가 1세트이나 1개만으로 충분하다. 대체로 가격이 저렴하고 노출 배수에 관계 없이 빠른 셔터 속도를 가지는 장점이 있으나, 중간링을 사용하는 것보다 성능 면에서 떨어져 크게 권할 만하지 못하다.

중간링(Extension Tube), 벨로스(Bellows)   중간링은 카메라 본체와 렌즈 사이에 끼워 접사가 가능하도록 만든 제품이다. 보통 3개가 1세트로 1/2배가 가능한 렌즈를 같은 배율 이상으로 확대할 수 있어 꼭 권하고 싶다. 야외에서 나비 외에도 알, 애벌레 또는 번데기를 찍을 때에 필수적이다.

벨로스는 중간링과 같은 방식으로 사용되는데, 다만 중간링과 달리 야외에서 쉽게 사용할 수 없는 단점이 있다. 그러나 배율을 더 높이고 연속적인 배율이 가능한 장점도 있다.

삼각대(Tripod)   야외에서 움직이는 나비를 찍다 보면 가장 큰 문제가 손떨림 현상이다. 이것을 방지하기 위해서는 촬영 자세를 올바르게 하는 것이 중요한데, 삼각대로 카메라를 지탱하여 촬영하면 더 쉽게 해결된다. 다만 삼각대를 평탄하지 않은 곳에 세우기 위해 시간을 허비하다 보면 나비가 날아가 버리는 경우가 생기므로 외다리를 사용하여 기동성 있게 대처하도록 한다.

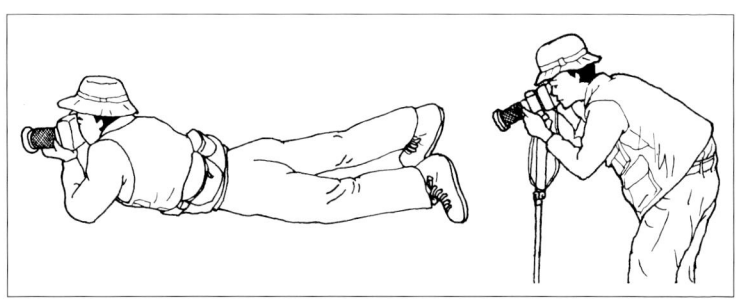

그림 3. 사진 촬영할 때의 바른 자세

촬영을 할 때 피사체에 대한 카메라의 각도를 어떻게 할 것인가는 화면 구성에 중요한 역할을 한다. 즉 카메라의 높이를 수평으로 할 것인가, 위로 또는 아래로 향할 것인가 등에 따라 눈높이의 관계가 달라질 뿐 아니라 화면의 원근감에도 큰 영향을 미친다. 삼각대를 사용하면 항상 같은 눈높이에서 촬영하게 되므로 변화무쌍한 나비의 모습을 담기엔 부족함이 있음을 알아 두어야 한다(그림 3).

6. 노출 보정

나비가 있는 풍경에 강한 반사가 나타나거나 극단적인 명암의 대비가 생길 때에는 노출을 보정할 필요성이 생긴다. 보정 필름의 ASA 감도의 설정치를 바꾸어 주거나 카메라의 노출 기억 장치를 이용한다. 흰색이나 노란색 위주의 밝은 꽃이 화면 가득 차지하면 카메라의 노출계가 실제 상황보다 빛이 강한 것으로 전체를 판단한다. 이 상태에서 촬영하면 나비 자체는 노출 부족 상태가 되어 카메라마다 장치된 노출 보정 다이얼을 적당한 양만큼 플러스로 보정하여야 한다. 반대로 어두운 피사체가 대부분인 경우에는 마이너스 쪽으로 노출을 보정하여야 한다.

7. 플래시 사용

부전나비들과 같이 빠르게 움직이거나 뱀눈나비들처럼 어두운 그늘 사이에서만 앉아 있으면 셔터를 눌러도 노출이 부족하게 되어 좋은 사진이 될 수 없다. 이와 같이 움직임이 빠른 나비들의 순간을 포착하기 위해서는 셔터 속도를 빠르게 하여야 나비의 미묘한 움직임에도 초점이 맞게 된다. 이 때 플래시(flash)를 사용하면 이 문제를 해결할 수 있는데, 현재 접사 전용 플래시가 시판되고 있다. 다만 AF 카메라에 내장된 플래시로 찍으면 노출과다가 되는 경우가 많으므로 수동 기능을 사용해야 좋은 사진이 될 것이다.

플래시를 사용해서 조리개를 좁히고 촬영하면 섬광 시간이 1/800초보다 더 빠르기 때문에 흔들릴 염려가 거의 없어져 초보자도 선명한 사진을 얻을 수 있다.

8. 필름

필름에는 흑백과 컬러가 있는데, 최근 컬러 현상소가 많아지고 보급이 잘 되어 컬러 필름이 주로 많이 쓰이고 있다. 컬러 필름은 다시 네거와 슬라이드 필름으로 나뉘는데, 네거는 값이 싸고 쉽게 인화하여 앨범에 장식할 수 있는 장점이 있으나 선명도, 보존성, 색채의 품질 면에서 슬라이드 필름에 미치지 못한다. 시중의 여러 필름들은 색의 재현성이나 입자성에 약간의 차이가 있는데, 대체로 코닥 제품은 청색, 황색, 녹색이 아름다우나 흰색 재현시 약간 푸르스름해지는 경향이 있고, 후지 제품은 흰색이 특히 깨끗한 경향이 있다. 입자성이나 색균형에 있어서 ASA 50-100 정도의 것을 사용하면 좋은 결과를 얻을 수 있다.

9. 정리

단순히 아름다운 예술적 사진을 찍는 것이 아닌 기록적, 연구적 가치를 부여하려는 사진이라면 촬영 후의 데이터를 기록하는 것이 필수적이다. 기본적으로 촬영 날짜, 촬영 장소, 날씨, 필름의 감도, 셔터 속도, 조리개 치를 기록하는 것 외에도 나비의 암수 구별은 물론 나비 표본의 라벨과 사진에 같은 표시를 하고 촬영시의 생태 관찰을 기록하면 좋다.

표본 제작과 보관

야외에서 채집한 나비를 집으로 가져오면 우선 보관 전 삼각지에 채집 데이터를 기록해야 한다. 삼각지 상태로만 보관하려면 잘 건조시킨 후, 밀봉이 잘 되는 플라스틱 통에 나프탈렌과 함께 넣는다. 그러나 나비의 지역적 변이나 무늬, 형태의 변화를 연구하기 위해 많은 수를 채집해서 전시 표본(展翅標本)을 만들어야 할 경우에는 채집하여 돌아온 즉시 살아 있는 상태로 전시 표본을 제작

전시 표본의 예

하는 경우가 좋다. 시간이 허락하지 않아 장기간 보관한 후 전시 표본을 만들려면 솜이나 휴지를 물에 약간 적셔 플라스틱 통에 넣고, 그 위에 채집품을 삼각지 채로 넣어 밀봉한 후 냉장고의 냉동실에 보관하면 오랫동안 채집품이 굳지 않고 곰팡이도 슬지 않아 좋다.

연화법(軟化法)

건조하고 굳어진 채집품을 전시 표본으로 만들기 위해서 몸에 습기를 부여하는 방법이다. 대개 큰 플라스틱 통 아래에 습기 있는 거즈나 솜을 넣고 그 위에 채집품을 적당하게 올려놓아 상온에서 2-3일 정도 보관하면 연화가 된다. 이 때 곰팡이가 슬어 못 쓰게 되는 것을 방지하기 위해 페놀(phenol)이나 곰팡이 제거제를 적당히 뿌려 놓으면 된다. 이 때 주의할 것은 삼각지에 쓰여진 데이터가 번져 안 보이게 되는 경우이다. 이를 방지하기 위해 아예 처음 기입할 때부터 볼펜이나 유성펜으로 써 두면 좋다. 다만 앞의 방법으로 연화가 잘 안 될 경우, 나비의 몸에 뜨거운 물을 주사기로 주입하면 쉽게 연화된다. 이 밖에도 날개에 붙어 있는 근육을 약간 칼로 제거하거나 단백질 분해 효소를 몸에 집어 넣는 경우도 있으나, 독자들에게 권하고 싶지 않다(그림 4).

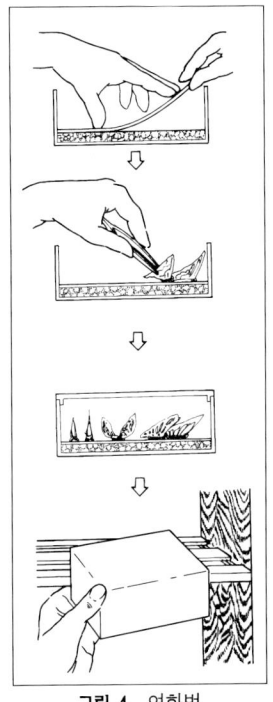

그림 4. 연화법

전시법(展翅法)

① 몸 중앙에 정확하게 곤충 바늘을 꽂는다. 이 때 나비의 몸에 적당한 굵기의 곤충 바늘을 골라야 좋다.
② 전시판에 수직으로 꽂고 나비 날개를 전시판과 같은 높이로 조정하여 폭 1-1.5cm의 전시 테이프(유산지)로 덮는다. 나비의 시맥을 곤충 바늘로 조심스럽게 끌어올린다.

③ 앞날개의 후연은 나비의 몸과 수직으로 하고 양쪽 날개의 후연이 일직선이 되도록 한다.
④ 더듬이는 날개의 전연과 평행하게 하여 바늘로 잘 고정한다(**그림 5**).

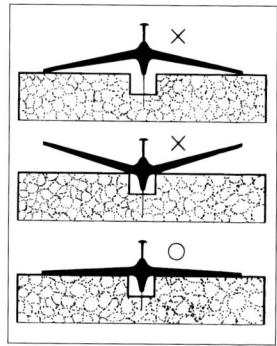

그림 5. 전시판 위의 옳은 표본 위치

전시한 이후 건기에는 약 2-3주, 우기에는 5-6주 정도 지난 후 바늘을 제거하면 자신이 제작한 형태 그대로 남아 아름다운 표본이 된다. 이 때 어렵게 채집하고 전시한 표본을 잠깐의 부주의로 더듬이를 떨어뜨리거나 날개의 일부를 부수게 되면 그 동안의 노력이 수포로 돌아가게 된다는 것을 명심하자. 끝까지 정성을 다할수록 나중에 좋은 자료로 사용할 수 있고, 스스로 얻는 만족감도 풍부해진다.

표본의 정리 및 보관

표본 하나하나의 일정한 높이에 라벨(label)을 붙여 놓아야 한다(**그림 6**). 만약 표본에 라벨이 없다면 표본은 아무리 아름다워도 학술적 가치가 떨어진다는 것을 유념하자. 표본을 보관하려면 우선 표본 상자가 있어야 하는데, 처음에는 하나의 상자에 잡다한 종류를 넣게 되어도 큰 무리가 따르지 않으나, 차츰 표본 수가 많아지면서 체계적으로 정리할 필요가 생기게 된다. 표본 상자를 충분히 준비하고 과·속·종별로 학술적으로 정리해야 한다. 동정(同定)상 어려움이 따르면 책을 찾아보거나 전문가에게 의뢰하여 정리하는 것이 바람직하다.

| 太白山(江原) |
| 1984. Ⅷ. 4. |
| 주 홍 재 |

| Mt. T'aebaek |
| 4. Ⅷ. 1984. |
| Coll. Joo Hoong-Zae |

그림 6. 라벨의 예

정리한 표본 상자는 햇빛, 습기로부터 피할 수 있도록 따로 표본장에 넣어 보관하여야 한다. 또한 개미, 좀, 바퀴벌레에 의해 표본이 망가지는 경우를 대비해 나프탈렌을 꼭 넣어 두기를 당부한다.

나비와 나방의 비교

나비와 나방은 나비목〔鱗翅目〕에 속하는 종류로, 날개에 비늘가루〔鱗紛〕가 있으며, 머리 아래에 시계 태엽처럼 감겨져 있는 입을 늘여 물이나 꿀을 빨아 먹는 등의 공통된 특징을 가진다. 우리 나라의 나비목에는 약 2900여 종이 알려져 있는데, 이 중에 253종이 나비에 속한다.

나비와 나방의 차이점은 다음과 같다.

1. 나비는 낮에 날아다니고 대체로 날개색이 고우나, 나방은 대부분 밤에 활동하고 날개의 무늬도 단조롭다. 예외로 낮에 활동하는 나방은 날개색이 매우 화려한 것도 있다.
2. 나비는 대부분 몸이 가늘고 쉴 때 날개를 접을 때가 많으나, 나방은 몸이 크고 날개를 펴고 앉는다.
3. 나비는 더듬이의 끝이 곤봉 모양으로 부풀어 있으나 나방은 실 모양, 깃털 모양, 톱니 모양 등 다양하다(**그림 7,8**).
4. 나비는 몸의 비늘가루가 잘 떨어지지 않으나, 나방은 잘 떨어진다.
5. 나비는 앞날개와 뒷날개를 연결하는 특별한 구조물이 없으나, 나방은 여러 형태의 날개가시〔翅刺〕가 있어 앞날개와 뒷날개를 연결한다(**그림 9**).

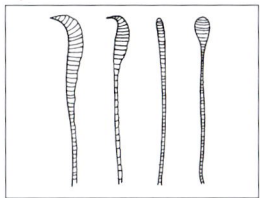

그림 7. 나비의 여러 더듬이

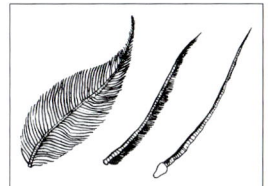

그림 8. 나방의 여러 더듬이

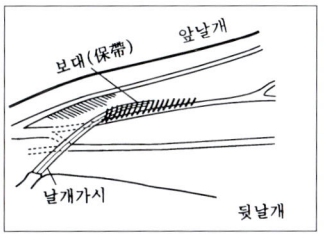

그림 9. 나방의 날개가시

거꾸로여덟팔나비

뒤흰띠알락나방

한국산 나비의 분포형

 한국은 남북으로 길고 비교적 기온 변화가 심한 관계로 나비의 종류도 꽤 많은 편이다. 이들 나비의 분포에 관심을 가지다 보면 그 기원에 대한 궁금증이 생기나 아직 이에 대한 명확한 답은 없다. 다만 고지리학적으로나 고생물학적 고찰을 통해 단편적으로 이해할 수 있을 뿐이다.
 곤충의 최초 출현은 고생대 석탄기로 나비는 이보다 훨씬 후인 고생대 페름기 이후에 출현한 것으로 알려져 있다. 나비는 몸에 뼈가 없고 연약한 관계로 쉽게 화석으로 발견되지 않아 이 방면의 연구가 진전되지 못하였다. 그러나 고지구 환경의 기온 변화 연구를 통해 그 일면을 이해할 수 있게 되었다. 대개 우리 나라 나비는 한반도의 형태가 현재와 비슷했던 신생대 제 3기 말기로부터 유래되었다고 볼 수 있다. 특히 지금으로부터 약 200만년 전이었던 제 4기에서 현재까지는 네 번의 빙하기와 세 번의 간빙기가 있었다. 기온의 변화로 연속된 해침과 해퇴에 의해 많은 나비들이 우리 나라로 도래하였는데 유럽, 시베리아, 중국 북동부에서는 구북구계 나비가, 일본 및 중국 남동부를 통해서는 동양구계 나비가 도래하였다. 또 지사학적으로 보아 우리 나라는 한 번도 대륙과 떨어진 적이 없었고, 제주도와 같은 대부분의 부속 섬들도 마지막 빙하기 이후에나 육지와 분리되어 우리 나라 나비의 지역적 변이가 그다지 크지 않은 것으로 추정된다.
 우리 나라는 세계적으로 구북구 만주아구에 포함되는데, 그 동안 세분된 분포구가 있었으나 필자들에 의해 분포도를 작성하는 과정에서 얻어진 결과를 토대로 간략하게 다음과 같이 새로운 시도를 해 보았다. 여기에서는 세계적 분포구로 구북구계와 동양구계로 크게 나누고 다시 구북구계에는 구북구광역계, 한국우수리계, 서부중국계로, 동양구계는 광역분포열대계와 인도차이나계로 나타내었다. 또 국내적으로는 전체 분포형, 북부 산지형, 태백산맥형, 남부형, 울릉형으로 나누어 보았다. 물론 종에 따라 아래의 분포구로 명확하게 나누어지지 않는 것도 있지만 대체적인 범위로 포괄하였다. 예외적으로 제주도에 서식하는 가락지나비, 산굴뚝나비, 함경산뱀눈나비, 산꼬마부전나비와 같은 한지성 나비의 분포형은 빙하가 한반도에서 물러날 때에 이들 나비가 고위도나 높은 산지로 이동하였기 때문에 비록 남쪽에 위치하여도 고도가 높은 한라산 정상에서 서식이 가능했으리라 보고 A-b, A-c에 포함시켰다.

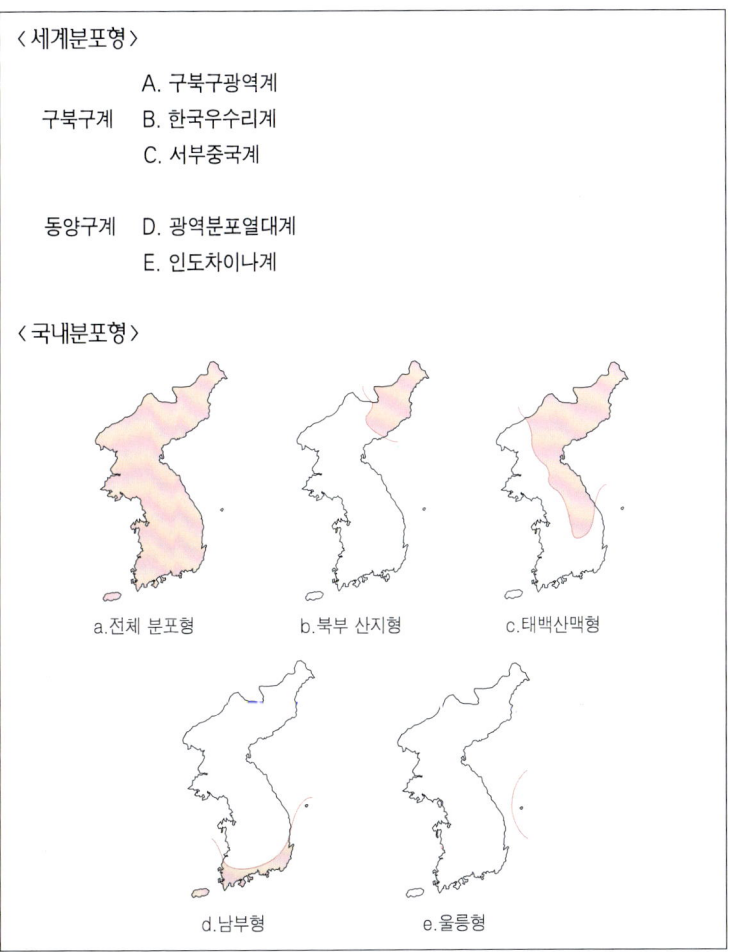

〈세계분포형〉

구북구계
 A. 구북구광역계
 B. 한국우수리계
 C. 서부중국계

동양구계
 D. 광역분포열대계
 E. 인도차이나계

〈국내분포형〉

a. 전체 분포형
b. 북부 산지형
c. 태백산맥형
d. 남부형
e. 울릉형

한국산 나비의 분포표

세계 분포형	국내 분포형	종 명	계
A	a	산호랑나비, 멧노랑나비, 배추흰나비, 풀흰나비, 암고운부전나비, 작은주홍부전나비, 암먹부전나비, 푸른부전나비, 작은홍띠점박이푸른부전나비, 부전나비, 담색어리표범나비, 작은은점선표범나비, 큰표범나비, 흰줄표범나비, 은줄표범나비, 긴은점표범나비, 은점표범나비, 풀표범나비, 줄나비, 제일줄나비, 굵은줄나비, 두줄나비, 산네발나비, 황오색나비, 도시처녀나비, 봄처녀나비, 시골처녀나비, 굴뚝나비, 뱀눈그늘나비, 눈많은그늘나비, 돈무늬팔랑나비, 수풀떠들썩팔랑나비	32
A	b	황모시나비, 북방노랑나비, 높은산노랑나비, 연주노랑나비, 북방풀흰나비, 남주홍부전나비, 검은테주홍부전나비, 암먹주홍부전나비, 꼬마부전나비, 산꼬마부전나비, 사랑부전나비, 중점박이푸른부전나비, 잔점박이푸른부전나비, 후치령부전나비, 백두산부전나비, 높은산부전나비, 함경부전나비, 연푸른부전나비, 대덕산부전나비, 은점어리표범나비, 산어리표범나비, 함경어리표범나비, 은점선표범나비, 산은점선표범나비, 높은산표범나비, 꼬마표범나비, 높은산지옥나비, 산지옥나비, 관모산지옥나비, 노랑지옥나비, 분홍지옥나비, 민무늬지옥나비, 차일봉지옥나비, 재순이지옥나비, 큰산뱀눈나비, 높은산뱀눈나비, 북방처녀나비, 줄그늘나비, 가락지나비, 산굴뚝나비, 꼬마멧팔랑나비, 북방흰점팔랑나비, 함경흰점팔랑나비, 왕흰점팔랑나비, 북방알락팔랑나비, 두만강팔랑나비	46
A	c	북방기생나비, 상제나비, 줄흰나비, 까마귀부전나비, 벚나무까마귀부전나비, 북방까마귀부전나비, 큰주홍부전나비, 고운점박이푸른부전나비, 금빛어리표범나비, 큰은점선표범나비, 산꼬마표범나비, 작은표범나비, 왕줄나비, 북방거꾸로여덟팔나비, 갈구리신선나비, 신선나비, 공작나비, 쐐기풀나비, 오색나비, 번개오색나비, 외눈이지옥나비, 함경산뱀눈나비, 수풀알락팔랑나비, 은점박이알락팔랑나비	24
B	a	애호랑나비, 모시나비, 붉은점모시나비, 왕붉은점모시나비, 꼬리명주나비, 호랑나비, 산제비나비, 기생나비, 각시멧노랑나비, 붉은띠귤빛부전나비, 금강산귤빛부전나비, 귤빛부전나비, 시가도귤빛부전나비, 물빛긴꼬리부전나비, 담색긴꼬리부전나비, 작은녹색부전나비, 암붉은점녹색부전나비, 북방녹색부전나비, 은날개녹색부전나비, 검정녹색부전나비, 큰녹색부전나비, 금강산녹색부전나비, 넓은띠녹색부전나비, 산녹색부전나비, 범부전나비, 쇳빛부전나비, 쌍꼬리부전나비, 담흑부전나비, 먹부전나비, 봄어리표범나비, 여름어리표범나비, 암어리표범나비, 큰흰줄표범나비, 구름표범나비, 제이줄나비, 왕세줄나비, 참세	59

		줄나비, 황세줄나비, 거꾸로여덟팔나비, 은판나비, 애물결나비, 물결나비, 석물결나비, 외눈이지옥사촌나비, 참산뱀눈나비, 황알락그늘나비, 먹그늘나비붙이, 흰뱀눈나비, 조흰뱀눈나비, 왕팔랑나비, 멧팔랑나비, 꼬마흰점팔랑나비, 흰점팔랑나비, 은줄팔랑나비, 줄꼬마팔랑나비, 수풀꼬마팔랑나비, 검은테떠들썩팔랑나비, 산팔랑나비, 산줄점팔랑나비	
	b	개마암고운부전나비, 주을푸른부전나비, 귀신부전나비, 중국부전나비, 경원어리표범나비, 북방어리표범나비, 백두산표범나비	7
	c	눈나비, 선녀부전나비, 민무늬귤빛부전나비, 참나무부전나비, 긴꼬리부전나비, 깊은산부전나비, 깊은산녹색부전나비, 북방쇳빛부전나비, 민꼬리까마귀부전나비, 참까마귀부전나비, 꼬마까마귀부전나비, 산푸른부전나비, 회령푸른부전나비, 큰홍띠점박이푸른부전나비, 산부전나비, 큰점박이푸른부전나비, 북방점박이푸른부전나비, 산은줄표범나비, 제삼줄나비, 참줄나비, 참줄나비사촌, 홍줄나비, 높은산세줄나비, 중국황세줄나비, 산황세줄나비, 어리세줄나비, 밤오색나비, 왕그늘나비, 알락그늘나비, 독수리팔랑나비, 대왕팔랑나비, 참알락팔랑나비, 꽃팔랑나비	33
	e	울릉범부전나비	1
C	a	사향제비나비, 긴꼬리제비나비, 제비나비, 노랑나비, 갈구리나비, 대만흰나비, 큰줄힌나비, 뿔나비, 암검은표범나비, 왕은점표범나비, 세줄나비, 애기세줄나비, 별박이세줄나비, 네발나비, 들신선나비, 수노랑나비, 유리창나비, 흑백알락나비, 홍점알락나비, 왕오색나비, 대왕나비, 먹그늘나비, 부처나비, 부처사촌나비, 큰수리팔랑나비, 왕자팔랑나비, 파리팔랑나비, 지리산팔랑나비, 유리창떠들썩팔랑나비, 황알락팔랑나비	30
	d	남방제비나비, 바둑돌부전나비, 남방남색부전나비, 남방녹색부전나비, 남방푸른부전나비, 한라푸른부전나비	6
D	a	큰멋쟁이나비, 작은멋쟁이나비	2
	d	청띠제비나비, 남방노랑나비, 극남부전나비, 암끝검은표범나비, 제주꼬마팔랑나비	5
E	a	청띠신선나비	1
	d	무늬박이제비나비, 극남노랑나비, 남방부전나비, 왕나비, 먹그림나비, 푸른큰수리팔랑나비, 줄점팔랑나비	7

한국산 나비의 분류표

이 표는 2004년까지 국내에서 채집된 나비 271종 (토착종 258종)에 대한 분류표이다. 아종명(亞種名)이 불확실한 경우에는 ssp.를 뒤에 붙였다.

◆ 미접
● 북한에만 서식하는 종

Order Lepidoptera 나비목
Suborder Ditrysia 이문아목

Superfamily Papilionoidea 호랑나비상과

Family Papilionidae 호랑나비과

Subfamily Parnassiinae 모시나비아과

Luehdorfia puziloi coreana Matsumura, 1927 애호랑나비
  Luehdorfia puziloi puziloi (Erschoff, 1872) (동북부 지역산)
Parnassius stubbendorfii Ménétriès, 1848 모시나비
Parnassius bremeri Bremer, 1864 붉은점모시나비
  Parnassius bremeri bremeri Bremer, 1864 (동북부 지역산)
  Parnassius bremeri lumen Eisner, 1968 (중부 지역산)
  Parnassius bremeri pakianus Murayama, 1964 (남부 지역산)
●*Parnassius nomion mandschuriae* Oberthür, 1891 왕붉은점모시나비
●*Parnassius eversmanni sasai* Bang-Hass, 1937 황모시나비
Sericinus montela koreanus Fixsen, 1887 꼬리명주나비

Subfamily Papilioninae 호랑나비아과

Atrophaneura alcinous (Klug, 1836) ssp. 사향제비나비
Papilio machaon hippocrates C. Felder et R. Felder, 1864 산호랑나비
Papilio xuthus (Linnaeus, 1767) 호랑나비
Papilio macilentus Janson, 1877 긴꼬리제비나비
Papilio protenor demetrius Stoll, 1782 남방제비나비
Papilio helenus nicconicolens Butler, 1881 무늬박이제비나비
Papilio bianor dehaanii C. Felder et R. Felder, 1864 제비나비
Papilio maackii Ménétriès, 1858 산제비나비
Graphium sarpedon nipponum (Fruhstorfer, 1903) 청띠제비나비

Pieridae 흰나비과

Subfamily Dismorphinae 기생나비아과

Leptidea amurensis (Ménétriès, 1858) 기생나비
Leptidea morsei morseides Verity, 1911 북방기생나비

Subfamily Coliadinae 노랑나비아과

Eurema hecabe (Linnaeus, 1758) 남방노랑나비
Eurema laeta betheseba (Janson, 1878) 극남노랑나비
Gonepteryx maxima Butler, 1885 멧노랑나비
Gonepteryx aspasia Ménétriès, 1858 각시멧노랑나비
Colias erate poliographus Motschulsky, 1860 노랑나비
- *Colias tyche* (Böber, 1812) 북방노랑나비
- *Colias palaeno orientalis* Staudinger, 1892 높은산노랑나비
- *Colias heos* (Herbst, 1792) 연주노랑나비
Colias fieldii Ménétriès, 1855 새연주노랑나비

Subfamily Pierinae 흰나비아과

- ◆*Catopsilia pomona* (Fabricius, 1775) 연노랑흰나비
  Anthocharis scolymus (Butler, 1866) 갈구리나비
  Aporia crataegi adherbal Fruhstorfer, 1910 상제나비
- ●*Aporia hippia* (Bremer, 1861) 눈나비
  Pieris rapae orientalis (Oberthür, 1880) 배추흰나비
  Pieris canidia kaolicola (Bryk, 1946) 대만흰나비
  Pieris melete (Ménétriès, 1857) 큰줄흰나비
  Pieris napi dulcinea (Butler, 1882) 줄흰나비
     Pieris napi hanlaensis Okano et Pak, 1968 (제주도산)
  Pontia daplidice orientalis (Kardakoff, 1928) 풀흰나비
- ●*Pontia chloridice* (Hübner, 1798) 북방풀흰나비

Lycaenidae 부전나비과

Subfamily Miletinae 바둑돌부전나비아과
Taraka hamada (H. Druce, 1875) 바둑돌부전나비

Subfamily Theclinae 녹색부전나비아과
Arhopala japonica (Murray, 1875) 남방남색부전나비
Arhopala bazalus (Hewitson, 1862) 남방남색꼬리부전나비
Artopoetes pryeri (Murray, 1873) 선녀부전나비
Coreana raphaelis (Oberthür, 1880) 붉은띠귤빛부전나비
Ussuriana michaelis (Oberthür, 1880) 금강산귤빛부전나비
Thecla betulae coreana (Nire, 1919) 암고운부전나비
- ●*Thecla betulina* Staudinger, 1887 개마암고운부전나비
  Shirozua jonasi (Janson, 1877) 민무늬귤빛부전나비
  Japonica lutea dubatolovi Fujioka, 1993 귤빛부전나비
  Japonica saepestriata (Hewitson, 1865) 시가도귤빛부전나비
  Wagimo signatus (Butler, 1882) 참나무부전나비

Araragi enthea (Janson, 1877) 긴꼬리부전나비
Antigius butleri (Fenton, 1882) 담색긴꼬리부전나비
Antigius attilia (Bremer, 1861) 물빛긴꼬리부전나비
Protantigius superans ginzii (Seok, 1936) 깊은산부전나비
Neozephyrus japonicus (Murray, 1875) 작은녹색부전나비
Chrysozephyrus smaragdinus (Bremer, 1861) 암붉은점녹색부전나비
Chrysozephyrus brillantinus (Staudinger, 1887) 북방녹색부전나비
Thermozephyrus ataxus (Westwood, 1851) ssp. 남방녹색부전나비
Favonius saphirinus (Staudinger, 1887) 은날개녹색부전나비
Favonius yuasai coreensis Murayama, 1963 검정녹색부전나비
Favonius orientalis Murray, 1875 큰녹색부전나비
Favonius korshunovi Dubatolov et Sergeev, 1982 깊은산녹색부전나비
Favonius ultramarinus (Fixsen, 1887) 금강산녹색부전나비
Favonius cognatus Staudinger, 1892 넓은띠녹색부전나비
Favonius taxila (Bremer, 1861) 산녹색부전나비
Rapala caerulea (Bremer et Grey, 1852) 범부전나비
  Rapala caerulea arata (Bremer, 1861) (울릉도산)
Callophrys frivaldszkyi aquilonaria Johnson, 1992 북방쇳빛부전나비
Callophrys ferrea korea Johnson, 1992 쇳빛부전나비
Fixsenia herzi (Fixsen, 1887) 민꼬리까마귀부전나비
Fixsenia w-album fentoni (Butler, 1882) 까마귀부전나비
Fixsenia eximia (Fixsen, 1887) 참까마귀부전나비
Fixsenia prunoides (Staudinger, 1887) 꼬마까마귀부전나비
Fixsenia pruni coreanica (Murayama, 1965) 벚나무까마귀부전나비
Fixsenia spini latior (Fixsen, 1887) 북방까마귀부전나비
Spindasis takanonis koreanus Fujioka, 1992 쌍꼬리부전나비

Subfamily Lycaeninae   주홍부전나비아과

● *Helleia helle* (Denis et Schiffermüller, 1775) 남주홍부전나비
  Lycaena dispar aurata (Leech, 1887) 큰주홍부전나비
  Lycaena phlaeas chinensis (Felder, 1862) 작은주홍부전나비

- *Lycaena virgaureae* (Linnaeus, 1758) ssp. 검은테주홍부전나비
- *Palaeochrysophanus hippothoe amurensis* (Staudinger, 1892)
  암먹주홍부전나비

Subfamily Polyommatinae 부전나비아과

Niphanda fusca (Bremer et Grey, 1853) 담흑부전나비
Lampides boeticus (Linnaeus, 1758) 물결부전나비
Pseudozizeeria maha argia (Ménétriès, 1857) 남방부전나비
Zizina otis (Fabricius, 1787) ssp. 극남부전나비
- *Cupido minimus magnus* (Rühl, 1895) 꼬마부전나비

Everes argiades hellotia (Ménétriès, 1857) 암먹부전나비
Tongeia fischeri (Eversmann, 1843) 먹부전나비
◆ *Udara dilecta* (Moore, 1879) 한라푸른부전나비
◆ *Udara albocaerulea* (Moore, 1879) 남방푸른부전나비
Celastrina sugitanii leei Eliot et Kawazoé, 1983 산푸른부전나비
Celastrina argiolus ladonides (De L'Orza, 1869) 푸른부전나비
Celastrina oreas mirificus (Sugitani, 1936) 회령푸른부전나비
- *Celastrina filipjevi admirabilis* (Sugitani, 1936) 주을푸른부전나비
- *Glaucopsyche lycormas scylla* (Oberthür, 1880) 귀신부전나비

Scolitantides orion coreana (Matsumura, 1926)
  작은홍띠점박이푸른부전나비
Shijimiaeoides divinus (Fixsen, 1887) 큰홍띠점박이푸른부전나비
Plebejus argus micargus (Butler, 1878) 산꼬마부전나비
  Plebejus argus seoki Shirôzu et Shibatani, 1943 (제주도산)
Lycaeides argyrognomon ussurica (Forster, 1936) 부전나비
  Lycaeides argyrognomon zezuensis (Seok, 1936) (제주도산)
Lycaeides subsolanus (Eversmann, 1851) 산부전나비
- *Aricia mandshurica* (Staudinger, 1892) 중국부전나비
- *Polyommatus eros boisduvalii* (Herrich-Schäffer, 1844) 사랑부전나비

Maculinea teleius euphemia (Staudinger, 1887) 고운점박이푸른부전나비
Maculinea arionides (Staudinger, 1887) 큰점박이푸른부전나비

- *Maculinea arion ussuriensis* (Sheljuzhko, 1928) 중점박이푸른부전나비
- *Maculinea alcon arirang* Sibatani, Saigusa et Hirowatari, 1994
  잔점박이푸른부전나비

  Maculinea kurentzovi Sibatani, Saigusa et Hirowatari, 1994
  북방점박이푸른부전나비
- *Cyaniris semiargus* (Rottemburgh, 1775) ssp. 후치령부전나비
- *Aricia agestis allous* (Hübner, 1793) 백두산부전나비
- *Vacciniina optilete sibirica* (Staudinger, 1892) 높은산부전나비
- *Plebicula amanda amurensis* (Schneider, 1792) 함경부전나비
- *Plebicula icarus tumangensis* Im, 1988 연푸른부전나비
- *Eumedonia eumedon antiqua* (Staudinger, 1899) 대덕산부전나비

Nymphalidae 네발나비과

Subfamily Lybytheinae 뿔나비아과

  Libythea celtis celtoides Fruhstorfer, 1908 뿔나비

Subfamily Danainae 왕나비아과

- *Anosia chrysippus* (Linnaeus, 1758) 끝검은왕나비
- *Salatura genutia* (Cramer, 1779) 별선두리왕나비
  Parantica sita niphonica (Moore, 1883) 왕나비
- *Parantica melanus* (Cramer, 1775) 대만왕나비

Subfamily Nymphlinae 네발나비아과

- *Mellicta plotina* (Bremer, 1861) 경원어리표범나비
- *Mellicta dictynna erycina* (Lederer, 1853) 은점어리표범나비
  Mellicta britomartis latefascia (Fixsen, 1883) 봄어리표범나비
  Mellicta ambigua niphona (Butler, 1878) 여름어리표범나비
  Melitaea protomedia Ménétriès, 1859 담색어리표범나비

- *Melitaea didyma seitzi* Matsumura, 1929 산어리표범나비
  Melitaea scotosia Butler, 1878 암어리표범나비
- *Melitaea arcesia* Bremer, 1861 북방어리표범나비
- *Hypodryas intermedia* (Ménétriès, 1859) 함경어리표범나비
  Eurodryas aurinia mandschurica (Staudinger, 1861) 금빛어리표범나비
- *Clossiana euphrosyne orphana* (Fruhstorfer, 1907) 은점선표범나비
- *Clossiana selenis sibirica* (Erschoff, 1870) 꼬마표범나비
- *Clossiana selene sugitanii* (Seok, 1938) 산은점선표범나비(신칭)
  Clossiana perryi (Butler, 1882) 작은은점선표범나비
  Clossiana oscarus australis (Graeser, 1888) 큰은점선표범나비
- *Clossiana angarensis* (Erschoff, 1870) 백두산표범나비
  Clossiana thore hyperusia (Fruhstorfer, 1908) 산꼬마표범나비
- *Boloria titania nansetsuzana* (Doi, 1935) 높은산표범나비
  Brenthis daphne fumida (Butler, 1882) 큰표범나비
  Brenthis ino amurensis (Staudinger, 1887) 작은표범나비
  Argyronome laodice japonica (Ménétriès, 1857) 흰줄표범나비
  Argyronome ruslana (Motschulsky, 1866) 큰흰줄표범나비
  Nephargynnis anadyomene (C. Felder et R. Felder, 1862) 구름표범나비
  Damora sagana paulina (Nordmann, 1851) 암검은표범나비
  Argyreus hyperbius (Linnaeus, 1763) 암끝검은표범나비
  Argynnis paphia tsushimana (Fruhstorfer, 1906) 은줄표범나비
    Argynnis paphia jejudoensis Okano et Pak, 1968 (제주도산)
  Childrena zenobia penelope (Staudinger, 1891) 산은줄표범나비
- ◆*Childrena childreni* (Gray, 1831) 중국은줄표범나비
  Fabriciana adippe vorax (Butler, 1871) 긴은점표범나비
  Fabriciana niobe pallescens Butler, 1873 은점표범나비
  Fabriciana nerippe coreana (Butler, 1882) 왕은점표범나비
  Speyeria aglaja clavimacula (Matsumura, 1929) 풀표범나비
  Limenitis camilla japonica Ménétriès, 1857 줄나비
  Limenitis doerriesi chosensis Matsumura, 1929 제이줄나비
  Limenitis helmanni duplicata Staudinger, 1892 제일줄나비
  Limenitis homeyeri Tancré, 1881 제삼줄나비

Limenitis sydyi latefasciata Ménétriès, 1859 굵은줄나비
Limenitis amphyssa Ménétriès, 1859 참줄나비사촌
Limenitis moltrechti Kardakoff, 1928 참줄나비
Limenitis populi ussuriensis Staudinger, 1887 왕줄나비
Limenitis pratti eximia Moltrecht, 1909 홍줄나비
Neptis alwina (Bremer et Grey, 1853) 왕세줄나비
Neptis philyra Ménétriès, 1858 세줄나비
Neptis philyroides Staudinger, 1887 참세줄나비
Neptis sappho intermedia W. B. Pryer, 1877 애기세줄나비
Neptis speyeri Staudinger, 1887 높은산세줄나비
Neptis pryeri Butler, 1871 별박이세줄나비
Neptis andetria Fruhstorfer, 1912 개마별박이세줄나비
Neptis thisbe Ménétriès, 1858 황세줄나비
  Neptis thisbe thisbe Ménétriès, 1858 (북부 지역)
  Neptis thisbe deliquata Stichel, 1909 (중남부 지역)
Neptis tshetverikovi Kurentzov, 1936 중국황세줄나비
Neptis themis nos Fruhstorfer, 1909 산황세줄나비
Neptis rivularis magnata Henye, 1895 두줄나비
Aldania raddei (Bremer, 1861) 어리세줄나비
Araschnia levana (Linnaeus, 1758) 북방거꾸로여덟팔나비
Araschnia burejana Bremer, 1861 거꾸로여덟팔나비
Polygonia c-aureum (Linnaeus, 1758) 네발나비
Polygonia c-album hamigera (Butler, 1877) 산네발나비
Nymphalis xanthomelas chosenessa (Bryk, 1946) 들신선나비
Nymphalis vau-album samurai (Fruhstorfer, 1907) 갈구리신선나비
Nymphalis antiopa (Linnaeus, 1758) 신선나비
Inachis io geisha (Stichel, 1908) 공작나비
Aglais urticae coreensis (Kleinschmidt, 1929) 쐐기풀나비
Kaniska canace no-japonicum (Siebold, 1824) 청띠신선나비
Vanessa indica (Herbst, 1794) 큰멋쟁이나비
Cynthia cardui (Linnaeus, 1758) 작은멋쟁이나비
◆*Junonia almana* (Linnaeus, 1758) 남방공작나비

◆*Junonia orithya* (Linnaeus, 1758)　남색남방공작나비
◆*Hypolimnas bolina philippensis* (Butler, 1874)　남방오색나비
◆*Hypolimnas misippus* (Linnaeus, 1764)　암붉은오색나비
◆*Cyrestis thyodamas mabella* (Fruhstorfer)　돌담무늬나비
　Dichorragia nesimachus nesiotes Fruhstorfer, 1903　먹그림나비
　Apatura ilia praeclara (Bollow, 1930)　오색나비
　Apatura metis heijona Matsumura, 1929　황오색나비
　Apatura iris (Linnaeus, 1758)　번개오색나비
　　Apatura iris amurensis Stichel, 1909　(북부 지역산)
　　Apatura iris peninsularis Takakura et Lee, 1980　(중남부 지역산)
　Chitoria ulupi morii (Seok, 1937)　수노랑나비
　Mimathyma schrenckii (Ménétriès, 1858)　은판나비
　Mimathyma nycteis (Ménétriès, 1858)　밤오색나비
　　Mimathyma nycteis (Ménétriès, 1858)　(북부 지역산)
　　Mimathyma nycteis ssp.　(중부 지역산)
　Dilipa fenestra takacukai Seok, 1937　유리창나비
　Hestina persimilis seoki Shirôzu, 1955　흑백알락나비
　Hestina assimilis (Linnaeus, 1758)　홍점알락나비
　Sasakia charonda coreana (Leech, 1887)　왕오색나비
　Sephisa princeps (Fixsen, 1887)　대왕나비

Subfamily Satyrinae　뱀눈나비아과

　Ypthima argus hyampeia Fruhstorfer, 1911　애물결나비
　Ypthima multistrigata koreana Dubatolov et Lvovsky, 1999　물결나비
　Ypthima motschulskyi (Bremer et Grey, 1853)　석물결나비
●*Erebia ligea ajanensis* Ménétriès, 1855　높은산지옥나비
●*Erebia neriene* (Böber, 1809) ssp.　산지옥나비
●*Erebia rossii kwanbozana* Doi et Cho, 1934　관모산지옥나비
●*Erebia embla succulenta* Alphéraky, 1897　노랑지옥나비
　Erebia cyclopia (Eversmann, 1864)　외눈이지옥나비
　Erebia wanga Bremer, 1864　외눈이지옥사촌나비

- *Erebia edda* Ménétriès, 1851　분홍지옥나비
- *Erebia radians* Staudinger, 1886　민무늬지옥나비
- *Erebia theano shajitsuzanensis* Mori et Cho, 1935　차일봉지옥나비
- *Erebia kozhantshikovi* Sheljuzhko, 1925　재순이지옥나비

　Oeneis mongolica (Oberthür, 1876)　참산뱀눈나비
- *Oeneis magna uchangi* Im, 1988　큰산뱀눈나비
- *Oeneis jutta sachalinensis* Esaki, 1924　높은산뱀눈나비

　Oeneis urda (Eversmann, 1847)　함경산뱀눈나비
　Coenonympha hero coreana Matsumura, 1927　도시처녀나비
　　Coenonympha hero perseis Lerderer, 1853　(동북부 지역산)
- *Coenonympha glycerion songhyoki* Im, 1988　북방처녀나비

　Coenonympha oedippus amurensis Rühl, 1895　봄처녀나비
　Coenonympha amaryllis accrescens Staudinger, 1901　시골처녀나비
- *Triphysa dohrnii* Zeller, 1858　줄그늘나비

　Aphantopus hyperantus ocellatus Butler, 1882　가락지나비
　Minois dryas bipunctata (Motschulsky, 1860)　굴뚝나비
　Hipparchia autonoe zezutonis (Seok, 1934)　산굴뚝나비
　Ninguta schrenckii (Ménétriès, 1858)　왕그늘나비
　Kirinia fentoni (Butler, 1877)　황알락그늘나비
　Kirinia epimenides (Ménétriès, 1859)　알락그늘나비
　Lasiommata deidamia menetriesii (Bremer et Grey, 1852)　뱀눈그늘나비
　Lopinga achine achinoides Butler, 1877　눈많은그늘나비
　　Lopinga achine chejudoensis Okano et Pak, 1968　(제주도산)
　Lethe diana (Butler, 1866)　먹그늘나비
　Lethe marginalis (Motschulsky, 1860)　먹그늘나비붙이
　Melanargia halimede (Ménétriès, 1858)　흰뱀눈나비
　Melanargia epimede (Staudinger, 1892)　조흰뱀눈나비
　　Melanargia epimede hanlaensis Okano et Pak, 1968　(제주도산)
　Mycalesis gotama Moore, 1857　부처나비
　Mycalesis francisca perdiccas Hewitson, 1862　부처사촌나비
- ◆*Melanitis leda* (Linnaeus, 1758)　먹나비
- ◆*Melanitis phedima oitensis* Matsumura, 1919　큰먹나비

Superfamily Hesperioidea 팔랑나비상과

Family Hesperiidae 팔랑나비과

Subfamily Coeliadinae 수리팔랑나비아과

Bibasis striata (Hewitson, 1867) 큰수리팔랑나비
Bibasis aquilina (Speyer, 1879) 독수리팔랑나비
Choaspes benjaminii japonica Murray, 1875 푸른큰수리팔랑나비

Subfamily Pyrginae 흰점팔랑나비아과

Lobocla bifasciata (Bremer et Grey, 1853) 왕팔랑나비
Daimio tethys (Ménétriès, 1857) 왕자팔랑나비
   Daimio tethys moorei (Mabille, 1876) (제주도산)
Satarupa nymphalis (Speyer, 1878) 대왕팔랑나비
Erynnis montanus (Bremer, 1861) 멧팔랑나비
●*Erynnis tages popoviana* (Nordmann, 1851) 꼬마멧팔랑나비
Pyrgus malvae coreanus Warren, 1957 꼬마흰점팔랑나비
●*Pyrgus speyeri* Staudinger, 1887 북방흰점팔랑나비
●*Pyrgus alveus* Hübner, 1805 혜산진흰점팔랑나비
Pyrgus maculatus (Bremer et Grey, 1853) 흰점팔랑나비
●*Spialia orbifer* (Hübner, 1823) 함경흰점팔랑나비
●*Muschampia gigas* (Bremer, 1864) 왕흰점팔랑나비

Subfamily Hesperiinae 팔랑나비아과

Leptalina unicolor (Bremer et Grey, 1853) 은줄팔랑나비
●*Carterocephalus palaemon albigutatus* (Christoph, 1893)
                                                  북방알락팔랑나비
Carterocephalus silvicola (Meigen, 1829) 수풀알락팔랑나비
Carterocephalus dieckmanni (Graeser, 1888) 참알락팔랑나비
●*Carterocephalus argyrostigma* (Eversmann, 1851) 은점박이알락팔랑나비
Heteropterus morpheus (Pallas, 1771) 돈무늬팔랑나비

Aeromachus inachus (Ménétriès, 1858)   파리팔랑나비
Isoteinon lamprospilus C. Felder et R. Felder, 1862   지리산팔랑나비
● *Thymelicus lineola* (Ochsenheimer, 1808)   두만강팔랑나비
Thymelicus leoninus (Butler, 1878)   줄꼬마팔랑나비
Thymelicus sylvaticus (Bremer, 1861)   수풀꼬마팔랑나비
Hesperia florinda (Butler, 1878)   꽃팔랑나비
Ochlodes venatus (Bremer et Grey, 1853)   수풀떠들썩팔랑나비
Ochlodes fanus (Turati, 1905)   산수풀떠들썩팔랑나비
Ochlodes subhyalina (Bremer et Grey, 1853)   유리창떠들썩팔랑나비
Ochlodes ochraceus (Bremer, 1861)   검은테떠들썩팔랑나비
Potanthus flavus (Murray, 1875)   황알락팔랑나비
● *Polytremis pellucida* (Murray, 1875)   북방산팔랑나비(신칭)
Polytremis zina (Evans, 1932)   산팔랑나비
Pelopidas mathias oberthueri Evans, 1937   제주꼬마팔랑나비
Pelopidas jansonis (Butler, 1878)   산줄점팔랑나비
Parnara guttata (Bremer et Grey, 1853)   줄점팔랑나비

미접(迷蝶)

우리 나라에서는 서식하지 않는 나비가 태풍이 불어온 이후 채집되는 예가 간혹 있다. 대개 중국 남부, 타이완, 필리핀 등지에서 날아온 것으로 미접(迷蝶)이라 한다. 또 우산접(偶産蝶)이라는 말도 있다. 이것은 한 번 날아온 이후 우리 나라에서 다시 발생하여 다음 세대가 나타나나, 이 종류들은 겨울에 월동하지 못한다. 아직 정확한 조사가 이루어져 있지 않지만 바람 이외에 배나 비행기 등의 교통 기관들을 통한 인위적 수단으로 오는 경우도 있을 것이다. 현재 우리 나라에 기록되어 있는 미접을 소개해 본다.

1. 무늬박이제비나비(호랑나비과) *Papilio helenus* Linnaeus

주로 해안가의 삼림 경계부에 살며, 제주도와 경남 욕지도에서 채집한 기록이 있는데 대단히 귀한 나비이다. 한여름에는 누리장나무의 꽃에서 꿀을 빤다. 최근 제주도 삼의악오름에서 강하게 점유행동을 하는 수컷을 채집한 바 있다. 수컷은 날개의 색이 더 검어지고, 앞날개 윗면에 성표가 나타난다. 5-6월과 7-8월에 연 2회 발생한다.

무늬박이제비나비(靑山潤三 제공)

2. 한라푸른부전나비(부전나비과) *Udara dilecta* (Moore)

푸른부전나비에 비해 크기는 작고 빠르게 나는 편이다. 제주도 한라산의 해발 1700m 이상의 초지에서 채집되었다. 수컷은 길가의 습지에 모여서 물을 빨고, 암수 모두 백리향과 같은 야생화에서 꿀을 빤다. 같은 장소에서 연속해서 발생하지 않아 미접으로 취급한다. 우리 나라에서 이 나비의 자세한 생태는 알려져 있지 않다.

한라푸른부전나비(백록담 1996. 7. 23.)

3. 남방푸른부전나비(부전나비과)
Udara albocaerulea (Moore)

제주도에서 1968년 8월에 채집된 적이 한 번 있는데, 매우 희귀하다. 날개 윗면의 흰색 무늬가 발달한다.

남방푸른부전나비(青山潤三 제공)

4. 연노랑흰나비(흰나비과)
Catopsilia pomona (Fabricius)

일본의 남서 제도 및 동양 열대 지역, 오스트레일리아구, 마다가스카르 등지에 분포하며, 우리 나라에서는 경남 거제도에서 1992년에 한 번 채집된 적이 있다.

연노랑흰나비(거제도 ♂)

5. 돌담무늬나비(네발나비과)
Cyrestis thyodamas mabella (Fruhstorfer)

돌담무늬나비(좌 : 윗면, 우 : 아랫면 제주도 비자림 2000. 8. 21. ♀)

돌담무늬나비는 글쓴이 중 주흥재와 김성수에 의해 2002년 발행된 '제주의 나비'에 처음 기록된 우리 나라 미접으로 제주도 비자림에서 처음 채집하였다. 숲 속을 재빠르게 날아다니는 것만을 관찰했지만 앞으로 더 채집될 것으로 보인다.

국외에는 히말라야 서부에서 중국 남부를 거쳐 인도차이나, 타이완, 일본 남부에 분포한다.

6. 별선두리왕나비(네발나비과)
Salatura genutia (Cramer)

일본의 남서 제도 및 동양 열대 지역, 오스트레일리아구, 유럽 남동부, 중동, 아프리카 등지에 넓게 분포하며, 우리 나라에서는 제주도에서 채집된 기록이 있다.

별선두리왕나비(靑山潤三 제공)

7. 끝검은왕나비(네발나비과)
Anosia chrysippus (Linnaeus)

일본의 남서 제도 및 동양구, 오스트레일리아구, 유럽 남동부, 아프리카에 넓게 분포하며, 우리 나라에서는 제주도, 경남 칠포, 충남 서산에서 채집된 기록이 있다. 주로 해안가의 초지에서 발견되며, 왕나비처럼 산 정상에 모이는 습성은 없다. 도깨비바늘꽃에서 흡밀한다.

끝검은왕나비(靑山潤三 제공)

8. 중국은줄표범나비(네발나비과)
Childrena childreni Gray

 인도 북부, 네팔, 미얀마 북부, 중국 등지에 분포하는 나비로 제주도 서귀포시에서 채집된 적이 있다. 이 나비는 태풍보다 장마 전선이 끝날 때 저기압의 이동에 맞춰 날아온 것으로 보인다.

9. 남색남방공작나비(네발나비과)
Junonia orithya (Linnaeus)

남색남방공작나비(제주도 서귀포 ♂)

 동양구, 오스트레일리아 북부, 아프리카에 넓게 분포하며 우리 나라에서는 남해안과 서해안의 일부 도서 지역과 제주도에서 7-9월에 채집된 기록이 있다. 밝은 초지나 골프장 등지에서 주로 채집되고 있으며 맨드라미꽃에서 흡밀하기도 한다. 수컷은 점유행동을 한다.

10. 남방공작나비(네발나비과)
Junonia almana (Linnaeus)

 동양구의 아열대에서 열대에 분포하며 우리 나라에서는 제주도에서의 채집 기록이 있으나 대단히 희귀하다.

11. 남방오색나비(네발나비과)
Hypolimnas bolina (Linnaeus)

남방오색나비(제주도 서귀포 ♂)

 동양구와 오스트레일리아구에 넓게 분포하며, 우리 나라에서는 남해안, 서해안 일부 도서 지역과 제주도에서 8월 이후에 간간이 채집되고 있다.

12. 암붉은오색나비(네발나비과)
Hypolimnas misippus (Linnaeus)

동양구, 오스트레일리아구, 에티오피아구, 남미 일부, 서인도 제도 등에 넓게 분포하며 우리 나라에서는 남해안, 서해안 일부 도서 지역과 제주도에서 채집되고 있다.

암붉은오색나비(남해 금산 ♂)

13. 먹나비(네발나비과)
Melanitis leda (Linnaeus)

동양구, 오스트레일리아구에 넓게 분포하며 남한 전역에서 채집되고 있다. 주로 오후 늦게부터 꽤 어두워질 때까지 마을의 팽나무 고목 주위를 여러 마리의 수컷이 어우러져 나는 경우가 많다. 또 참나무의 진에 모이는데 이 때가 암컷 채집의 적기이다. 봄보다 늦여름의 채집과 관찰 기록이 많다.

먹나비(제주도 안덕계곡 ♂)

14. 큰먹나비(네발나비과)
Melanitis phedima Cramer

동양구에 넓게 분포하며 우리 나라에서는 1996년 부산에서 채집된 기록이 있다.

주변에 흔한 나비의 흡밀식물

개망초

큰까치수영

쉬땅나무

얼레지

쥐손이풀

마타리

기린초

아까시나무

나비의 천적(天敵)

나비는 자연계에서 1차 소비자의 위치에 있기 때문에 천적들이 많다. 보통 암나비 한 마리가 일생 동안 200-300개의 알을 낳는데, 이 모두가 어른벌레가 되지는 못한다. 환경 변화와 천적들에 의해 희생되어 그 수가 차차 줄어든다.

나비를 먹이로 하는 천적에는 기생성 천적과 포식성 천적이 있다. 기생성 천적에는 기생벌과 기생파리를 들 수 있는데, 이들은 나비의 알, 애벌레, 번데기에 산란하여 그 속에서 성장하고, 종령이 되면 몸 속에서 나와 작은 고치를 만들어 번데기가 된다.

포식성 천적은 주로 나비의 애벌레나 어른벌레를 먹는데, 새가 대표적이고 곤충류로서는 침노린재, 넉점송장벌레, 잠자리 등이 있으며 그 밖에 거미류가 이에 속한다.

기생벌 일종

수노랑나비 알에서 우화하는 기생벌

넉점송장벌레에 포식당하는 각시멧노랑나비의 애벌레

밀잠자리에 포식당하는 물결나비

거미에 포식당하는 회령푸른부전나비

제일줄나비의 종령애벌레에서 번데기가 된 기생벌

나비와 자연 보호

최근 자연 환경 보호의 목소리가 점차 높아지고 있다. 나비는 환경 변화의 지표 생물로 중요시 되어 현재 환경부, 자연보존협회와 그 밖에 많은 나비 동호인들에 의해서 매년 실태 조사가 이루어지고 있다.

우리 나라에는 현재 멸종된 나비는 없으나 지역적으로 없어진 종은 있다. 특히 초원성 나비의 감소가 두드러진다. 1980년대만 해도 경기도 일원에서는 꼬리명주나비, 붉은점모시나비, 봄어리표범나비, 고운점박이푸른부전나비 등의 초원성 나비가 많았는데 지금은 현저하게 감소되었다.

영국에서는 큰주홍부전나비, 중점박이푸른부전나비, 후치령부전나비, 상제나비가 멸종되었고, 법으로 4종의 나비 채집을 금지하고 있다. 현재 영국 자연보존위원회의 허가가 있어야만 채집이 가능하다. 일본에서도 각 지방 자치단체에서 황모시나비, 높은산부전나비 등 몇 종의 나비를 천연 기념물로 지정하고 있다.

1992년 6월 '리우 선언(환경과 개발에 관한 리우데자네이루 선언)' 이후 생물 자원에 대한 중요성이 점차 높게 인식되어 생물다양성협약의 채택과 더불어 야생 동식물의 국제 거래에 관한 협약(CITES)이 점차 강화되고 있다.

우리 나라는 2005년에 환경부에서 멸종 위기 야생 동식물 I급 2종, 멸종 위기 야생 동식물 II급 4종으로 총 6종의 나비를 지정 고시하여 이들의 무분별한 채집을 법으로 보호하고 있다.

- **멸종 위기 야생 동식물 I급** : 자연적 또는 인위적 위협 요인에 의해 개체 수가 현저하게 감소되어 멸종 위기에 처한 야생 동식물로서 관계 중앙 행정 기관의 장과 협의하여 환경부령이 정하는 종
- **멸종 위기 야생 동식물 II급** : 자연적 또는 인위적 위협 요인에 의해 개체 수가 현저하게 감소되고 있어, 현재의 위협 요인이 제거되거나 완화되지 않을 경우 가까운 장래에 멸종 위기에 처할 우려가 있는 야생 동식물로서 관계 중앙 행정 기관의 장과 협의하여 환경부령이 정하는 종

현재 우리 나라에는 다음과 같은 희귀 나비가 있다.

한국에 분포하는 희귀 나비

종 명	환경부(2005)	*申(1990)	**金·洪(1990)
Parnassius bremeri Bremer 붉은점모시나비	멸종위기 I급		
Apora crataegi (Linnaeus) 상제나비	멸종위기 I급	희귀종	
Taraka hamada (H. Druce) 바둑돌부전나비		희귀종	
Protantigus superans (Oberthür) 깊은산부전나비	멸종위기 II급	희귀종	채집 금지 요망종
Fixenia spini (Schiffermüller) 북방까마귀부전나비		희귀종	채집 금지 요망종
Spindasis takanonis (Matsumura) 쌍꼬리부전나비	멸종위기 II급	희귀종	
Lycaena dispar (Haworth) 큰주홍부전나비		희귀종	채집 금지 요망종
Shijimiaeoides divinus (Fixsen) 큰홍띠점박이푸른부전나비		희귀종	
Lycaenides subsolanus (Eversmann) 산부전나비			채집 금지 요망종
Melitaea scotosia Butler 암어리표범나비		희귀종	
Childrena zenobia (Leech) 산은줄표범나비		희귀종	
Fabriciana nerippe (C. et R. Felder) 왕은점표범나비	멸종위기 II급		
Limenitis homeyeri (Tancré) 제삼줄나비		희귀종	
Limenitis pratti (Leech) 홍줄나비		희귀종	
Neptis tshetverikovi Kurentzov 중국황세줄나비		희귀종	채집 금지 요망종
Nymphalis vau-album (D. et S.) 갈구리신선나비		희귀종	
Nymphalis antiopa (Linnaeus) 신선나비		희귀종	
Aglais urticae (Linnaeus) 쐐기풀나비		희귀종	
Oeneis urda (Eversmann) 함경산뱀눈나비			채집 금지 요망종
Aphantopus hyperantus (Linnaeus) 가락지나비		희귀종	채집 금지 요망종
Eumenis autonoe (Esper) 산굴뚝나비	멸종위기 I급	희귀종	채집 금지 요망종
Bibasis striata (Hewitson) 큰수리팔랑나비		희귀종	채집 금지 요망종
Bibasis aquilina (Speyer) 독수리팔랑나비		희귀종	
계	6종	19종	9종

*申裕桓 / **金容植·洪承杓

생태 용어 해설

계절형(季節型)　같은 나비라도 계절에 따라 형태의 변화가 나타날 수 있는데, 이를 계절형이라 한다. 여기에는 봄형, 여름형, 가을형이 있다. 예를 들어 거꾸로여덟팔나비의 경우는 제 1화의 개체를 봄형, 제 2화를 여름형이라고 한다. 네발나비에서는 제 1화의 개체를 여름형, 제 2화는 가을형이 되는데, 이 제 2화 개체가 어른벌레 상태로 월동을 하기 때문에 이른 봄에 활동하는 것들도 모두 가을형이다. 계절형이 나타나는 원인은 낮의 길이와 온도의 복잡한 관계에 의한 것으로 알려져 있다.

교미거부행동(交尾拒否行動)　암컷이 아직 성숙하지 못했거나 교미를 이미 끝냈을 때, 교미를 시도하려는 수컷에 대해 거부하는 행동을 말한다. 배추흰나비의 경우 수컷이 다가가면 암컷은 배 끝을 치켜올려 수컷을 거부한다.

큰줄흰나비의 교미거부행동

대용(帶蛹)　애벌레가 번데기로 될 때, 배 끝을 자신이 내놓은 실로 물체에 붙이고 또 가슴과 배 부분은 실로써 매다는 형식으로, 호랑나비과, 흰나비과, 부전나비과, 팔랑나비과에서 보인다.

대좌(臺座)　애벌레는 잎의 특정 위치에 머무르는 경우가 많은데, 그 자리에 실을 토해 내어 붙여 놓은 경우를 말한다. 애벌레가 기어다니는 장소를 자세히 살펴보면 애벌레가 토해 낸 실이 붙어 있는 것을 관찰할 수 있다.

사향제비나비의 대용

령(齡)　애벌레는 외피가 단단하기 때문에 어느 일정 한도까지 자라면 더 성장하기 위해서 외피를 벗게 된다. 종령 애벌레가 될 때까지 벗는 횟수를 령이라고 한다. 제비나비는 5령, 산녹색부전나비는 4령, 은판나비는 6령이 되면 종령(終齡) 애벌레가 되며, 이후 번데기로 탈바꿈한다.

미접(迷蝶)　어느 한 지역에 토착하여 살다가 그 곳에서 바람이나 배에 실려 본래 서식 장소에서 멀리 떨어진 지역으로 이주하는 나비를 말한다. 이런 종류에는 동양구계 나비인 남방오색나비, 암붉은오색나비, 남방공작나비 등이 있다.

성표(性標)　날개의 무늬나 색이 특별한 형태로 나타나 암수를 구별할 수 있는 경우를 말한다.

수용(垂蛹)　애벌레가 번데기로 될 때, 배 끝을 자신이 내놓은 실로 물체에 붙여 고정한 후 머리를 아래로 하여 매다는 형식. 대용보다 진화된 형식이다. 네발나비과에서 보인다.

작은은점선표범나비의 수용

수태낭(受胎囊)　교미를 끝낸 수컷이 암컷의 배 끝에 분비물을 내어 붙인 것을 말하는데, 이 때 분비물이 말라 붙어 수태낭이 생긴 암컷은 교미를 다시 할 수 없다. 이것은 수컷에게 필요 없이 정자의 낭비를 막아 종족 보존의 효율성을 극대화시키려는 것으로 풀이된다. 이런 수태낭이 특별히 발달하는 종류에는 모시나비, 붉은점모시나비, 애호랑나비 등이 있으며, 종에 따라 그 모습이 다르다.

깊은산녹색부전나비의 월동 알

식초(食草)·식수(食樹)　나비의 애벌레들이 먹이로 하는 식물을 말하는데, 주로 잎을 먹는다. 종류에 따라 먹는 식물이나 부위가 다를 수 있다.

월동태(越冬態)　나비가 여러 단계별로 겨울을 보내는 것을 말하는데, 종에 따라 거치는 단계가 다르다. 예를 들어 뿔나비와 네발나비는 어른벌레로, 암고운부전나비와 참까마귀부전나비는 알로, 표범나비류와 제일줄나비는 애벌레로, 배추흰나비와 제비나비는 번데기의 상태로 월동한다.

물빛긴꼬리부전나비의 월동 알

일광욕(日光浴) 나비는 체온이 떨어지면 활동이 불가능한 변온동물이어서 아침에 해가 떠도 온도가 낮기 때문에, 날기 전에 날개를 펴 햇빛에 수직으로 하고 앉아 체온을 높이려는 행동을 말한다. 일반적으로 나비가 날 때 기온은 14℃ 이상, 나비 자신의 체온은 30℃ 이상이 되어야 하는 것으로 알려져 있다. 날개색이 흰 나비라도 몸이 검어지는 현상이나 쇳빛부전나비, 참산뱀눈나비와 같이 날개를 접고 앉는 나비들도 날개를 비스듬히 옆으로 숙이는 경우 등이 최대한 햇빛을 많이 받아 자신의 체온을 올리는 행동으로 볼 수 있다.

점유행동(占有行動) 나무의 가지나 잎끝 부위에 앉아 가까운 장소로 다른 나비가 다가오면 그 나비를 쫓아 내는 행동을 말한다. 이 성질이 나타나는 것은 모두 수컷으로, 영역 내로 들어오는 암컷과 교미하기 위해서 일정한 공간을 확보하는 것으로 해석된다. 이 때 점유행동을 하는 나비에게 돌을 던지면 다른 나비를 쫓던 식으로 돌도 쫓아가거나 왕오색나비의 수컷처럼 주위를 지나가는 제비의 뒤를 추격하는 경우도 있다.

접도(蝶道) 산길이나 계곡을 따라 일정한 곳을 반복하여 제비나비 등이 날아다니는 것과 같은 행동을 말한다. 종류에 따라 미묘한 차이를 보이는데, 이는 각기 날면서도 햇빛이나 바람의 방향에 따라 일정한 체온을 유지할 수 있는 특정한 길로 날아다니는 것으로 보인다. 열대 지방에서는 이 접도가 흰색, 검은색의 띠로 장관을 이루기 때문에 관광 코스로 되어 있다.

하면(夏眠) 한참 온도가 올라가는 7월 말에서 8월에 행동을 일시 중지하고 잎 그늘 같은 곳에서 쉬는 행동을 말하는데, 주로 표범나비류와 같은 초원성 나비에서 나타난다. 나쁜 환경에 적응하는 현상으로 풀이되며 월동과도 같은 맥락이다. 다시 온도가 내려가는 가을에 활동하게 되는데, 이 때 암컷은 산란 행동을 하게 된다.

흡밀식물(吸蜜植物) 나비는 영양분을 얻기 위해 여러 꽃에서 흡밀하는 경우가 많은데 이 때 대상이 되는 식물들을 흡밀식물이라 한다. 나비에 따라 각각 좋아하는 꽃의 종류가 다르며, 지역 및 시기의 차이에 의해서도 달라진다. 흡밀할 때 잘 관찰하여 보면 나비의 입이 움직이는 모습, 꽃에서 꽃으로 이동하는 모습 등이 종에 따라 다른 것을 볼 수 있다. 그 밖에 네발나비과의 몇몇 종류에서는 흡밀하지 않고 참나무류나 느릅나무의 진, 썩은 과일, 새똥, 짐승의 사체 등을 먹는 경우도 있으며, 바둑돌부전나비와 같이 진딧물의 분비물을 먹는 경우도 있다.

새똥에 모인 유리창나비

나무 진에 온 수노랑나비

맥주 캔에 온 흑백알락나비

흡수행동(吸水行動) 나비가 물가의 습한 곳에서 물을 먹는 경우를 말한다. 종류에 따라서는 아침 이슬이나 빗물, 바닷물을 먹을 때도 있다. 대체로 계곡 가의 불탄 자리에 잘 모이는 것으로 보아, 물은 물론이고 물 속에 녹아 있는 무기물을 필요로 하는 것으로 보인다. 때에 따라 한 종류가 집단으로 모이기도 하는데 제비나비, 푸른부전나비 등에서는 흡수 중 배 끝으로 물을 방출하는 경우도 있다.

습지에 집단으로 모인 회령푸른부전나비

물가에 모인 산제비나비와 제비나비

종명 찾아보기

A

achine (*Lopinga*) · 310
adippe (*Fabriciana*) · 206
aglaja (*Speyeria*) · 210
albocaerulea (*Udara*) · 415
alcinous (*Atrophaneura*) · 26
almana (*Junonia*) · 417
alwina (*Neptis*) · 229
amaryllis (*Coenonympha*) · 301
ambigua (*Mellicta*) · 178
amphyssa (*Limenitis*) · 222
amurensis (*Leptidea*) · 48
anadyomene (*Nephargynnis*) · 196
antiopa (*Nymphalis*) · 255
aquilina (*Bibasis*) · 341
argiades (*Everes*) · 136
argiolus (*Celastrina*) · 142
argus (*Plebejus*) · 149
argus (*Ypthima*) · 286
argyrognomon (*Lycaeides*) · 150
arionides (*Maculinea*) · 153
aspasia (*Gonepteryx*) · 56
assimilis (*Hestina*) · 280
ataxus (*Thermozephyrus*) · 100
attilia (*Antigius*) · 93
aurinia (*Eurodryas*) · 184
aurorinus (*Favonius*) · 110
autonoe (*Hipparchia*) · 304

B

bazalus (*Arhopala*) · 139
benjaminii (*Choaspes*) · 342
betulae (*Thecla*) · 84
bianor (*Papilio*) · 36
bifasciata (*Lobocla*) · 343
boeticus (*Lampides*) · 131
bolina (*Hypolimnas*) · 417
bremeri (*Parnassius*) · 22
brillantinus (*Chrysozephyrus*) · 98
britomartis (*Mellicta*) · 176
burejana (*Araschnia*) · 248
butleri (*Antigius*) · 92

C

c-album (*Polygonia*) · 252
c-aureum (*Polygonia*) · 250
caerulea (*Rapala*) · 112
camilla (*Limenitis*) · 212
canace (*Kaniska*) · 259
canidia (*Pieris*) · 66
cardui (*Cynthia*) · 261
celtis (*Libythea*) · 172
charonda (*Sasakia*) · 282
childreni (*Childrena*) · 417
chrysippus (*Anosia*) · 416
cognatus (*Favonius*) · 108
crataegi (*Aporia*) · 62

cyclopia (*Erebia*) ・ 292

D

daphne (*Brenthis*) ・ 190
daplidice (*Pontia*) ・ 71
deidamia (*Lasiommata*) ・ 309
diana (*Lethe*) ・ 312
dieckmanni (*Carterocephalus*) ・ 356
dilecta (*Udara*) ・ 414
dispar (*Lycaena*) ・ 126
divinus (*Shijimiaeoides*) ・ 148
doerriesi (*Limenitis*) ・ 214
dryas (*Minois*) ・ 303

E

enthea (*Araragi*) ・ 90
epimede (*Melanargia*) ・ 316
epimenides (*Kirinia*) ・ 308
erate (*Colias*) ・ 58
eximia (*Fixsenia*) ・ 120

F

fenestra (*Dilipa*) ・ 276
fentoni (*Kirinia*) ・ 306
ferrea (*Callophrys*) ・ 116
fischeri (*Tongeia*) ・ 138
flavus (*Potanthus*) ・ 369
florinda (*Hesperia*) ・ 363
francisca (*Mycalesis*) ・ 319
frivaldszkyi (*Callophrys*) ・ 114
fusca (*Niphanda*) ・ 130

G

genutia (*Salatura*) ・ 416
gotama (*Mycalesis*) ・ 318
guttata (*Parnara*) ・ 374

H

halimede (*Melanargia*) ・ 314
hamada (*Taraka*) ・ 80
hecabe (*Eurema*) ・ 50
helenus (*Papilio*) ・ 414
helmanni (*Limenitis*) ・ 216
hero (*Coenonympha*) ・ 299
herzi (*Fixsenia*) ・ 118
homeyeri (*Limenitis*) ・ 218
hyperantus (*Aphantopus*) ・ 302
hyperbius (*Argyreus*) ・ 200

I

ilia (*Apatura*) ・ 264
inachus (*Aeromachus*) ・ 358
indica (*Vanessa*) ・ 260
ino (*Brenthis*) ・ 191
io (*Inachis*) ・ 256
iris (*Apatura*) ・ 268

J

jansonis (*Pelopidas*) ・ 372
japonica (*Hestina*) ・ 278
japonica (*Arhopala*) ・ 140
japonicus (*Neozephyrus*) ・ 96
jonasi (*Shirozua*) ・ 86

K

korshunovi (*Favonius*) · 106
kurentzovi (*Maculinea*) · 154

L

laeta (*Eurema*) · 52
lamprospilus (*Isoteinon*) · 359
latifasciatus (*Favonius*) · 108
laodice (*Argyronome*) · 192
leda (*Melanitis*) · 418
leoninus (*Thymelicus*) · 360
levana (*Araschnia*) · 247
lutea (*Japonica*) · 87

M

maackii (*Papilio*) · 38
machaon (*Papilio*) · 28
macilentus (*Papilio*) · 32
maculatus (*Pyrgus*) · 352
maha (*Pseudozizeeria*) · 132
malvae (*Pyrgus*) · 350
marginalis (*Lethe*) · 313
mathias (*Pelopidas*) · 371
maxima (*Gonepteryx*) · 54
melete (*Pieris*) · 68
metis (*Apatura*) · 266
michaelis (*Ussuriana*) · 83
misippus (*Hypolimnas*) · 418
moltrechti (*Limenitis*) · 224
mongolica (*Oeneis*) · 296
montanus (*Erynnis*) · 348

montela (*Sericinus*) · 24
morpheus (*Heteropterus*) · 357
morsei (*Leptidea*) · 49
motschulskyi (*Ypthima*) · 290
multistriata (*Ypthima*) · 288

N

napi (*Pieris*) · 70
nerippe (*Fabriciana*) · 209
nesimachus (*Dichorragia*) · 262
niobe (*Fabriciana*) · 208
nycteis (*Mimathyma*) · 274
nymphalis (*Satarupa*) · 344

O

ochraceus (*Ochlodes*) · 368
oedippus (*Coenonympha*) · 300
oreas (*Celastrina*) · 144
orientalis (*Favonius*) · 104
orion (*Scolitantides*) · 146
orithya (*Junonia*) · 417
oscarus (*Clossiana*) · 187
otis (*Zizina*) · 134

P

paphia (*Argynnis*) · 202
perryi (*Clossiana*) · 186
persimilis (*Hestina*) · 278
phedima (*Melanitis*) · 418
philyra (*Neptis*) · 230
philyroides (*Neptis*) · 232

phlaeas (*Lycaena*) · 128
pomona (*Catopsilia*) · 415
populi (*Limenitis*) · 226
pratti (*Limenitis*) · 228
princeps (*Sephisa*) · 284
protenor (*Papilio*) · 34
protomedia (*Melitaea*) · 180
pruni (*Fixsenia*) · 122
prunoides (*Fixsenia*) · 121
pryeri (*Artopoetes*) · 81
pryeri (*Neptis*) · 237
puziloi (*Luehdorfia*) · 18

R

raddei (*Aldania*) · 246
rapae (*Pieris*) · 64
raphaelis (*Coreana*) · 82
rivularis (*Neptis*) · 244
ruslana (*Argyronome*) · 194

S

saepestriata (*Japonica*) · 88
sagana (*Damora*) · 198
saphirinus (*Favonius*) · 102
sappho (*Neptis*) · 234
sarpedon (*Graphium*) · 40
schrenckii (*Mimathyma*) · 272
schrenckii (*Ninguta*) · 305
scolymus (*Anthocharis*) · 60
scotosia (*Melitaea*) · 182
signatus (*Wagimo*) · 89

silvicola (*Carterocephalus*) · 355
sita (*Parantica*) · 174
smaragdinus (*Chrysozephyrus*) · 97
speyeri (*Neptis*) · 236
spini (*Fixsenia*) · 123
striata (*Bibasis*) · 340
stubbendorfii (*Parnassius*) · 20
subhyalina (*Ochlodes*) · 366
subsolanus (*Lycaeides*) · 151
sugitanii (*Celastrina*) · 141
superans (*Protantigius*) · 94
sydyi (*Limenitis*) · 220
sylvaticus (*Thymelicus*) · 362

T

takanonis (*Spindasis*) · 124
taxila (*Favonius*) · 110
teleius (*Maculinea*) · 152
tethys (*Daimio*) · 346
themis (*Neptis*) · 242
thisbe (*Neptis*) · 238
thore (*Clossiana*) · 188
thyodamas mabella (*Cyrestis*) · 415
tshetverikovi (*Neptis*) · 240

U

ultramarinus (*Favonius*) · 107
ulupi (*Chitoria*) · 270
unicolor (*Leptalina*) · 354
urda (*Oeneis*) · 298
urticae (*Aglais*) · 257

V

vau-album (*Nymphalis*) · 254
venatus (*Ochlodes*) · 364

W

w-album (*Fixsenia*) · 119
wanga (*Erebia*) · 294

X

xanthomelas (*Nymphalis*) · 258
xuthus (*Papilio*) · 30

Y

yuasai (*Favonius*) · 103

Z

zenobia (*Childrena*) · 204
zina (*Polytremis*) · 370

한국명 찾아보기

ㄱ

가락지나비 · 302
각시멧노랑나비 · 56
갈구리나비 · 60
갈구리신선나비 · 254
거꾸로여덟팔나비 · 248
검은테떠들썩팔랑나비 · 368
검정녹색부전나비 · 103
고운점박이푸른부전나비 · 152
공작나비 · 256
구름표범나비 · 196
굴뚝나비 · 303
굵은줄나비 · 220
귤빛부전나비 · 87
극남노랑나비 · 52
극남부전나비 · 134
금강산귤빛부전나비 · 83
금강산녹색부전나비 · 107
금빛어리표범나비 · 184
기생나비 · 48
긴꼬리부전나비 · 90
긴꼬리제비나비 · 32
긴은점표범나비 · 206
깊은산녹색부전나비 · 106
깊은산부전나비 · 94
까마귀부전나비 · 119
꼬리명주나비 · 24
꼬마까마귀부전나비 · 121

꼬마흰점팔랑나비 · 350
꽃팔랑나비 · 363
끝검은왕나비 · 416

ㄴ

남방공작나비 · 417
남방남색꼬리부전나비 · 139
남방남색부전나비 · 140
남방노랑나비 · 50
남방녹색부전나비 · 100
남방부전나비 · 132
남방오색나비 · 417
남방제비나비 · 34
남방푸른부전나비 · 415
남색남방공작나비 · 417
넓은띠녹색부전나비 · 108
네발나비 · 250
노랑나비 · 58
높은산세줄나비 · 236
눈많은그늘나비 · 310

ㄷ

담색긴꼬리부전나비 · 92
담색어리표범나비 · 180
담흑부전나비 · 130
대만흰나비 · 66
대왕나비 · 284
대왕팔랑나비 · 344

도시처녀나비 · 299
독수리팔랑나비 · 341
돈무늬팔랑나비 · 357
돌담무늬나비 · 415
두줄나비 · 244
들신선나비 · 258

ㅁ

먹그늘나비 · 312
먹그늘나비붙이 · 313
먹그림나비 · 262
먹나비 · 418
먹부전나비 · 138
멧노랑나비 · 54
멧팔랑나비 · 348
모시나비 · 20
무늬박이제비나비 · 414
물결나비 · 288
물결부전나비 · 131
물빛긴꼬리부전나비 · 93
민꼬리까마귀부전나비 · 118
민무늬귤빛부전나비 · 86

ㅂ

바둑돌부전나비 · 80
밤오색나비 · 274
배추흰나비 · 64
뱀눈그늘나비 · 309
번개오색나비 · 268
범부전나비 · 112
벚나무까마귀부전나비 · 122

별박이세줄나비 · 237
별선두리왕나비 · 416
봄어리표범나비 · 176
봄처녀나비 · 300
부전나비 · 150
부처나비 · 318
부처사촌나비 · 319
북방거꾸로여덟팔나비 · 247
북방기생나비 · 49
북방까마귀부전나비 · 123
북방녹색부전나비 · 98
북방쇳빛부전나비 · 114
북방점박이푸른부전나비 · 154
붉은띠귤빛부전나비 · 82
붉은점모시나비 · 22
뿔나비 · 172

ㅅ

사향제비나비 · 26
산굴뚝나비 · 304
산꼬마부전나비 · 149
산꼬마표범나비 · 188
산네발나비 · 252
산녹색부전나비 · 110
산부전나비 · 151
산은줄표범나비 · 204
산제비나비 · 38
산줄점팔랑나비 · 372
산팔랑나비 · 370
산푸른부전나비 · 141
산호랑나비 · 28

산황세줄나비 · 242
상제나비 · 62
석물결나비 · 290
선녀부전나비 · 81
세줄나비 · 230
쇳빛부전나비 · 116
수노랑나비 · 270
수풀꼬마팔랑나비 · 362
수풀떠들썩팔랑나비 · 364
수풀알락팔랑나비 · 355
시가도귤빛부전나비 · 88
시골처녀나비 · 301
신선나비 · 255
쌍꼬리부전나비 · 124
쐐기풀나비 · 257

ㅇ

알락그늘나비 · 308
암검은표범나비 · 198
암고운부전나비 · 84
암끝검은표범나비 · 200
암먹부전나비 · 136
암붉은오색나비 · 418
암붉은점녹색부전나비 · 97
암어리표범나비 · 182
애기세줄나비 · 234
애물결나비 · 286
애호랑나비 · 18
어리세줄나비 · 246
여름어리표범나비 · 178
연노랑흰나비 · 415

오색나비 · 264
왕그늘나비 · 305
왕나비 · 174
왕세줄나비 · 229
왕오색나비 · 282
왕은점표범나비 · 209
왕자팔랑나비 · 346
왕줄나비 · 226
왕팔랑나비 · 343
외눈이지옥나비 · 292
외눈이지옥사촌나비 · 294
유리창나비 · 276
유리창떠들썩팔랑나비 · 366
은날개녹색부전나비 · 102
은점표범나비 · 208
은줄팔랑나비 · 354
은줄표범나비 · 202
은판나비 · 272

ㅈ

작은녹색부전나비 · 96
작은멋쟁이나비 · 261
작은은점선표범나비 · 186
작은주홍부전나비 · 128
작은표범나비 · 191
작은홍띠점박이푸른부전나비 · 146
제비나비 · 36
제삼줄나비 · 218
제이줄나비 · 214
제일줄나비 · 216
제주꼬마팔랑나비 · 371

조흰뱀눈나비 · 316
줄꼬마팔랑나비 · 360
줄나비 · 212
줄점팔랑나비 · 374
줄흰나비 · 70
중국은줄표범나비 · 417
중국황세줄나비 · 240
지리산팔랑나비 · 359

ㅊ

참까마귀부전나비 · 120
참나무부전나비 · 89
참산뱀눈나비 · 296
참세줄나비 · 232
참알락팔랑나비 · 356
참줄나비 · 224
참줄나비사촌 · 222
청띠신선나비 · 259
청띠제비나비 · 40

ㅋ

큰녹색부전나비 · 104
큰먹나비 · 418
큰멋쟁이나비 · 260
큰수리팔랑나비 · 340
큰은점선표범나비 · 187
큰점박이푸른부전나비 · 153
큰주홍부전나비 · 126

큰줄흰나비 · 68
큰표범나비 · 190
큰홍띠점박이푸른부전나비 · 148
큰흰줄표범나비 · 194

ㅍ

파리팔랑나비 · 358
푸른부전나비 · 142
푸른큰수리팔랑나비 · 342
풀표범나비 · 210
풀흰나비 · 71

ㅎ

한라푸른부전나비 · 414
함경산뱀눈나비 · 298
호랑나비 · 30
홍점알락나비 · 280
홍줄나비 · 228
황세줄나비 · 238
황알락그늘나비 · 306
황알락팔랑나비 · 369
황오색나비 · 266
회령푸른부전나비 · 144
흑백알락나비 · 278
흰뱀눈나비 · 314
흰점팔랑나비 · 352
흰줄표범나비 · 192

참고 문헌

◦ 조복성, 1959. 한국동물도감 나비류. 문교부. 서울.
◦ 周堯 主編, 1994. 中國蝶類誌. 河南科學技術出版社. 北京.
◦ D'Abrera, B., 1990. *Butterflies of Holarctic region*. Part Ⅱ. Hill House, Victoria, Australia.
◦ Eliot, J.N., 1973. The higher classification of the Lycaenidae (Lepidoptera): tentative arrangement. *Bull. Br. Mus. nat. Hist.* (Ent.) 28:371-505, 9 pls.
◦ Eliot, J.N. and A. Kawazoé, 1983. Blue butterflies of the *Lycaenopsis* group. *Bull. Brs. Nat. Hist.*, 309pp.
◦ 福田晴夫 外, 1982-1984. 原色日本蝶類生態圖鑑 1-4. 保育社. 大阪.
◦ Hemming, F., 1967. The generic names of the butterflies and their type-species. *Bull. Brs. Nat. Hist.* (Ent.) Suppl. 9:509pp.
◦ Hinton, H.E., 1946. On the homology and nomenclature of the setae of lepidopterous larvae, with some notes on the phylogeny of the Lepidoptera. *Trans. R. ent. Soc. Lond.* 97:1-37.
◦ 猪又敏男, 1982. 復刻原色朝鮮の蝶類解說. pp. 1-24. サイエンティスト社. 東京.
◦ 猪又敏男, 1990. 原色蝶類檢索圖鑑. 北隆館. 東京.
◦ 金昌煥, 1976. 韓國昆蟲分布圖鑑(나비편). 高麗大學校 出版部. 서울.
◦ 金容植・洪承杓, 1990. 保護對象 韓國産 主要 나비에 對한 考察(환경청 지정 채집금지종의 選定 安當性과 追加되어야 할 種의 保護地域 設定에 對한 勸言), 韓國鱗翅類同好人會誌, 3:9-16.
◦ Kurentzov, A. I., 1970. *The butterflies of the Far East U.S.S.R.* 164pp., 14 pls. Leningrad.
◦ 李承模, 1982. 韓國蝶誌. Insecta Koreana 編輯委員會. 서울.
◦ 神垣健司, 1994. 東アジア産キマダラモドキ屬の分類と分布. *Butterflies*, 9:35-41.

- Leech, J.H., 1892-1894. *Butterflies from China, Japan and Corea*. 4 parts. 681pp., 43pls. London.
- 森 爲三 · 土居寬暢 · 趙福成, 1934. 原色朝鮮の蝶類. 朝鮮印刷株式會社. 京城.
- Scoble, M.J., 1992. *The Lepidoptera form, function and diversity*. 404pp. National History Museum Publications, Oxford Univ. Press. London.
- Seok, D.M., 1939. *A synonymic list of butterflies of Korea*. 391pp.
- 石宙明, 1973. 韓國蝶類分布圖. 寶晋齋. 서울.
- 申裕恒, 1990. 韓國의 稀貴 및 危機動植物實態調査硏究 昆蟲. 自然保存調査報告書, 10:145-169.
- 申裕恒, 1991. 한국나비도감. 아카데미서적. 서울.
- 韓國鱗翅類同好人會編, 1986. 京畿道 蝶類 目錄, 20pp. 서울.
- 韓國鱗翅類同好人會編, 1989. 江原道 나비에 관하여. 韓國鱗翅類同好人會誌, 2(1):5-44.

나비 관련 학회 및 기관 소개

- 한국나비학회 / 서울 동대문구 회기동 1번지. 경희여고 내
- 한국곤충학회 / 서울 성북구 안암동 5가 1-2. 고려대학교 부설 한국곤충연구소 내
- 한국응용곤충학회 / 경기도 수원시 권선구 서둔동 103. 서울대학교 농업생명과학대학 농생물학과 내
- 곤충계통분류센터 / 강원도 춘천시 효자동 192-1. 강원대학교 내

저자 소개

주흥재(朱興在)
1936년 11월 3일생
서울대학교 의과대학 졸업
경희의료원 외과 교수
한국나비학회 자문위원
현주소/서울 서초구 반포동 45-13 대림빌라 B동 405

김성수(金聖秀)
1957년 2월 19일생
경희대학교 생물학과 대학원 졸업
경희여자고등학교 교사
한국나비학회 총무
현주소/서울 광진구 구의동 현대프라임APT 4동 301호

손정달(孫正達)
1957년 10월 12일생
광동산림고등학교 졸업
중부 임업시험장 임업연구원
한국나비학회 회원
현주소/경기도 남양주시 진접읍 팔야리 788-7

원색 도감 · 한국의 자연 시리즈 9
한국의 나비

초판 발행 / 1997. 9. 10.
5판 발행 / 2010. 5. 31.

지은이 / 주흥재 · 김성수 · 손정달
펴낸이 / 양철우
펴낸곳 / **(주)교학사**

기획 / 유홍희
편집 / 황정순 · 오순임
교정 / 차진승 · 이은영 · 강옥자
장정 / 송병석
제작 / 이재환
원색 분해 · 인쇄 / 본사 공무부

등록 / 1962. 6. 26.(18-7)
주소 / 서울 마포구 공덕동 105-67
전화 / 편집부 · 312-6685 영업부 · 7075-155
팩스 / 편집부 · 365-1310 영업부 · 7075-160
대체 / 012245-31-0501320
홈페이지 / http://www.kyohak.co.kr

값 35,000 원

* 이 책에 실린 도판, 사진, 내용의 복사, 전재를 금함.

Butterflies of Korea
by Joo Hoong-Zae, Kim Sung-Soo and Sohn Jung-Dal

Published by Kyo-Hak Publishing Co., Ltd., 1997
105-67, Gongdeok-dong, Mapo-gu, Seoul, Korea
Printed in Korea

ISBN 978-89-09-03851-5 96490